U0615952

浙江省高职院校"十四五"重点立项建设教材
职业教育土建类专业在线精品课程配套教材

建筑构造与制图

第2版

主　编　朱锋盼　郑朝灿

副主编　楼　聪　程显风

参　编　张正林　张琳娜　陈重东　韦　芬

　　　　曹　锐　李　思　楼森宇　程安燕

机械工业出版社

本书针对高等职业教育建筑识图技能培养过程中存在的教学项目类型单一、识图与构造平行学习等问题，将传统的"建筑构造与制图"教材进行了信息化改造，在关键知识点位置放置了二维码，使其更适合信息化教学的需要。本书介绍了低层的传达室建筑、多层的住宅楼建筑、高层的办公楼建筑和大跨度的工业厂房建筑四个不同形式建筑的施工图识读与绘制，内容上融合了建筑识图、建筑构造、CAD制图的主体知识，将建筑投影、制图标准、建筑构造等相对零散的知识以施工图绘制为主线展开讲解，力求实现"教、学、做"一体化。

本书既可作为高等职业教育土建施工类、建设工程管理类、建筑设计类专业的授课用书，也可作为相关从业人员的培训用书。

为方便读者学习，本书配套有电子课件、教案、图纸等资源，凡使用本书作为教材的老师均可登录机械工业出版社教育服务网 www.cmpedu.com 注册下载，也可加入机工社职教建筑QQ群：221010660索取相关资料，咨询电话：010-88379375。

本书相关课程为浙江省级精品在线开放课程、2022年职业教育国家在线精品课程，读者可以在相关平台进行学习。

图书在版编目（CIP）数据

建筑构造与制图／朱锋盼，郑朝灿主编. --2版.
北京：机械工业出版社，2024.6. --（职业教育土建
类专业在线精品课程配套教材）. -- ISBN 978-7-111
-76153-2

Ⅰ. TU2
中国国家版本馆 CIP 数据核字第 2024754VX3 号

机械工业出版社（北京市百万庄大街22号　邮政编码100037）
策划编辑：常金锋　　　　　　　　　责任编辑：常金锋　陈将浪
责任校对：王小童　马荣华　景　飞　封面设计：王　旭
责任印制：常天培
北京机工印刷厂有限公司印刷
2024年9月第2版第1次印刷
184mm×260mm·13.25印张·1插页·326千字
标准书号：ISBN 978-7-111-76153-2
定价：45.00元

电话服务　　　　　　　　　　　网络服务
客服电话：010-88361066　　　　机　工　官　网：www.cmpbook.com
　　　　　010-88379833　　　　机　工　官　博：weibo.com/cmp1952
　　　　　010-68326294　　　　金　书　网：www.golden-book.com
封底无防伪标均为盗版　　　　　机工教育服务网：www.cmpedu.com

前言

随着建筑行业信息化的不断推进，熟练掌握并应用计算机制图软件的能力显得越来越重要。"建筑构造与制图"是土建类专业群的平台课，开课的目的就是使学生具备一定的识读建筑施工图的能力和熟练运用制图软件绘制施工图的能力，掌握基本的建筑构造知识。

课程导论

为了满足学生的自主学习需要，以及对接工作实际，体现高等职业教育的优势和特点，满足新技术、新工艺、新规范、新标准的要求，注重提高学生的实际工作能力和综合职业素养，特进行此次修订。

在此次修订过程中，贯彻落实了党的二十大精神进教材、进课堂、进头脑的要求，考虑了"建筑构造与制图"课程高质量发展的需要，体现了高等职业教育"建筑构造与制图"课程特色，吸收了土木工程领域建筑工程制图方面的现行规范内容。

本书以建筑图绘制为主线，把施工图识读、绘制及建筑构造融为一体，强化学生识读工程图能力的培养，以满足高等职业院校人才培养目标的要求。本书选取了学生在毕业后的工作中会经常接触到的民用建筑和工业建筑，包含不同的屋顶形式和楼梯形式，采取了建筑层数从低到高、基础形式从易到难、结构形式从简单到复杂的递进式讲解思路，更利于高等职业院校学生进行理解和吸收。每个学习项目结合了实际的制图工作过程，从施工图识读、绘制到校对、审核，突显学习过程和工作过程的一致性，具有鲜明的高等职业教育特色。另外，在每个项目中增加"素质拓展"栏目，以优质的素质拓展元素讲好中国故事，培养学生的专业精神、职业精神、工匠精神和爱国精神，帮助学生塑造正确的世界观、人生观、价值观，成为德智体美劳全面发展的社会主义建设者和接班人。

本书由金华职业技术学院朱锋盼、郑朝灿任主编，金华职业技术学院楼聪、程显风任副主编，参加编写的人员还有张正林、张琳娜、陈重东、韦芬、曹锐、李思、楼森宇、程安燕。具体编写分工如下：项目一由朱锋盼、楼聪、韦芬编写，项目二由陈重东、李思、程安燕编写，项目三由张琳娜、郑朝灿、曹锐编写，项目四由张正林、程显风、楼森宇编写。

本书在编写过程中得到了铭扬工程设计集团有限公司、浙江华宇建筑设计有限公司、华汇工程设计集团有限公司、浙江恒泰建筑设计院有限公司的大力支持和协助，在此表示衷心的感谢。

由于编者水平有限，书中疏漏和不妥之处在所难免，在此恳请广大读者提出宝贵意见，以便我们改进和完善。

编　者

二维码资源索引

（续）

名称	二维码	页码	名称	二维码	页码	名称	二维码	页码
楼地层（顶棚）		92	住宅楼屋顶层平面图识读与绘制		136	底层平面图识读		157
地坪层构造		93	住宅楼阁楼层平面图识读与绘制		138	屋顶平面图识读		159
楼地层（阳台、雨篷）		98	住宅楼立面图识读与绘制（南立面图）		140	标准层平面图绘制（一）		171
楼梯的组成、分类		101	住宅楼东、西立面图识读与绘制		142	标准层平面图绘制（二）		171
楼梯的设计要求		103	住宅楼立面图识读与绘制（北立面图）		142	屋顶平面图绘制（一）		173
楼梯详图		108	住宅楼剖面图识读与绘制		142	屋顶平面图绘制（二）		173
瓦屋面构造（一）		120	住宅楼墙身节点详图识读与绘制		144	工业厂房平面图识读与绘制		194
瓦屋面构造（二）		120	变形缝		150	工业厂房立面图识读与绘制		199
住宅楼标准层平面图识读与绘制		134	地下室构造		157	工业厂房剖面图识读与绘制		202
图层设置		135	建筑施工图简介		157			

目录

Contents

项目一

识读与绘制传达室建筑施工图

子项目1 建筑知识

1.1.1 认识建筑

学习目标：了解建筑的定义与分类；熟悉民用建筑的分类；掌握建筑模数。

一、建筑的定义

建筑是人们依据美学法则，为人类进行社会活动（工作、学习、休息、交通、娱乐、生产等）而建造的空间环境。建筑是建筑物与构筑物的总称。

认识建筑

1. 建筑物

直接供人们使用的建筑称为建筑物，如住宅、学校、办公楼、影剧院、体育馆等。

2. 构筑物

间接供人们使用的建筑称为构筑物，如纪念碑、水塔、灯塔、电视塔、蓄水池、烟囱、贮油罐、桥梁、城墙、堤坝等。

3. 建筑三要素

建筑的基本要素包括建筑功能、建筑技术和建筑形象。

1）建筑功能是指建筑的使用要求。首先，建筑应满足人体尺度和人体活动所需的空间要求，比如坐着开会、拿东西、办公、弹钢琴、擦地、穿衣、厨房操作和其他动作等。其次，建筑应满足人的使用要求，比如要考虑建筑的朝向、保温、隔声、防潮、防水、采光及通风等。最后，应满足不同建筑的使用特点要求，例如火车站要求人流、货流畅通；影剧院要求听得清、看得见和疏散快；工业厂房要求符合产品的生产工艺流程；某些实验室对温度、湿度的要求等，都直接影响着建筑物的使用功能。

2）建筑技术一般是指建造房屋的手段，包括建筑材料及制品技术、结构技术、施工技术和设备技术等。由此可知，建筑是多门技术科学的综合产物，建筑技术是建筑发展的重要因素。

3）建筑形象是建筑的外部形式，又称为建筑外观。构成建筑形象的因素有建筑的体型、立面形式、细部与重点的处理、材料的色彩和质感、光影和装饰处理等。建筑形象是功能和技术的综合反映，建筑形象处理得当，就能产生良好的艺术效果，给人以美的享受。有些建筑使人感受到庄严雄伟、朴素大方、简洁明朗等，这就是建筑形象的魅力。

　　构成建筑的三个基本要素彼此之间是辩证统一的关系：建筑功能是建筑的目的，是主导因素；建筑技术是实现建筑目的的手段；功能不同的各类建筑可以选择不同的结构形式和使用不同的建筑材料，从而形成不同的建筑形象。

二、建筑的分类

建筑分类
与分级

　　建筑按其使用功能，可以分为民用建筑、工业建筑和农业建筑。

（一）民用建筑

　　民用建筑是供人们居住和进行公共活动的建筑的总称，民用建筑一般有以下分类：

　　（1）民用建筑按使用功能分类

　　1）居住建筑，如住宅、宿舍、公寓等。

　　2）公共建筑。公共建筑按性质不同又可分为文教建筑，托幼建筑，医疗卫生建筑，观演性建筑，体育建筑，展览建筑，旅馆建筑，商业建筑，电信、广播电视建筑，交通建筑，行政办公建筑，金融建筑，饮食建筑，园林建筑和纪念建筑等。

　　（2）民用建筑按规模与数量分类

　　1）大量性建筑，是指建筑规模不大，但修建数量多，与人们生活密切相关的分布广泛的建筑，如住宅（图1-1）、中小学教学楼、医院和中小型影剧院等。

　　2）大型性建筑，是指规模大、耗资多的建筑，如大型体育馆、大型剧院、航空港（站）、火车站（图1-2）和展览馆等。与大量性建筑相比，其修建数量是有限的，这类建筑在一个国家或一个地区具有代表性，对城市面貌的影响也较大。

图1-1　大量性建筑（住宅）

图1-2　大型性建筑（火车站）

　　（3）民用建筑按高度（层数）分类

　　1）住宅建筑按层数和高度分类：一层至三层为低层住宅，四层至六层为多层住宅，七层至九层（高度不大于27m）为中高层住宅，高度大于27m的为高层住宅。

　　2）除住宅建筑之外的民用建筑高度不大于24m的为单层和多层建筑，大于24m的非单层建筑为高层建筑。

　　3）建筑高度大于100m的民用建筑为超高层建筑。

（4）民用建筑按承重结构的材料分类

1）木结构建筑，是指以木材作房屋承重骨架的建筑，如图1-3所示。

2）生土建筑，是指主要用未焙烧而仅做简单加工的原状土为材料营造主体结构的建筑，如图1-4所示。

3）砖（石）结构建筑，是指以砖或石材为承重墙、柱和楼板的建筑，如图1-5所示。这种结构便于就地取材，能节约钢材、水泥和降低造价；但耐候性较差，自重大。

4）钢筋混凝土结构建筑，是指以钢筋混凝土作为承重结构的建筑，如图1-6所示。钢筋混凝土结构一般分为框架结构、剪力墙结构、框架-剪力墙结构和筒体结构等。

图1-3 木结构建筑

图1-4 生土建筑

图1-5 砖（石）结构建筑

图1-6 钢筋混凝土结构建筑

① 框架结构是指由梁和柱以刚接或者铰接构成承重体系的结构，即由梁和柱组成框架共同抵抗使用过程中出现的水平荷载和竖向荷载。该结构的房屋墙体不承重，仅起到围护和分隔作用，如图1-7所示。

② 剪力墙结构是指用钢筋混凝土墙板来代替框架结构中的梁、柱，来承担各类荷载引起的内力，并能有效控制结构的水平力，如图1-8所示。

③ 框架-剪力墙结构简称框剪结构，它是框架结构和剪力墙结构两种体系的结合，吸取了各自的长处，既能为建筑平面布置提供较大的使用空间，又具有良好的抗侧力性能，如图1-9所示。

图 1-7 框架结构

图 1-8 剪力墙结构

④ 筒体结构是指由一个或多个筒体作为承重结构的高层建筑体系,适用于层数较多的高层建筑。在侧向风荷载的作用下,其受力类似刚性的箱形截面的悬臂梁,迎风面将受拉,而背风面将受压。筒体结构又可分为框架-核心筒结构(图 1-10)、框筒结构、筒中筒结构和多筒结构等。

5)钢结构建筑,是指以型钢等钢材作为房屋承重骨架的建筑。钢结构力学性能好,便于制作和安装,施工工期短,结构自重轻,适宜超高层和大跨度建筑采用,如图 1-11 所示。随着我国高层、大跨度建筑的发展,钢结构的比例越来越大。

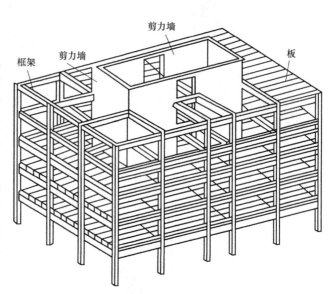

图 1-9 框架-剪力墙结构

图 1-10 框架-核心筒结构

图 1-11 钢结构建筑

4

6）混合结构建筑，是指采用两种或两种以上材料作为承重结构的建筑，例如由砖墙、钢筋混凝土楼板构成的砖混结构建筑（图 1-12a）；由砖墙、木楼板构成的砖木结构建筑（图 1-12b）；由钢屋架和混凝土（柱）构成的钢混结构建筑（图 1-12c）。其中，砖混结构在大量性民用建筑中应用十分广泛。

a)

b)

c)

图 1-12　混合结构建筑
a）砖混结构　b）砖木结构　c）钢混结构

（5）民用建筑按设计使用年限分类

设计使用年限是指在设计规定的时期内，只需要进行正常的维护而不需进行大修就能按预期目的使用，完成预定的功能，即房屋建筑在正常设计、正常施工、正常使用和正常维护下所应达到的使用年限。按照《民用建筑设计统一标准》（GB 50352—2019），以主体结构确定的建筑设计使用年限分为 4 类，详见表 1-1。

表 1-1　建筑按设计使用年限的分类

类别	设计使用年限/年	示例
1	5	临时性建筑
2	25	易于替换结构构件的建筑
3	50	普通建筑和构筑物
4	100	纪念性建筑和特别重要的建筑

（6）民用建筑按防火性能等级分类

根据《建筑防火通用规范》（GB 55037—2022），建筑的耐火等级按建筑材料和构件的燃烧性能、耐火极限可以分为一级、二级、三级、四级。

1）构件的燃烧性能分为三类：不燃烧体，即用不燃材料做成的建筑构件，如天然石材；难燃烧体，即用难燃烧的材料做成的建筑构件，或用可燃材料做成而用不燃材料做保护层的建筑构件，如沥青混凝土构件；燃烧体，即用可燃或易燃烧的材料做成的建筑构件，如木材等。

2）建筑构件的耐火极限是指在标准耐火试验条件下，建筑构（配）件或结构从受到火的作用时起，到失去稳定性、完整性或隔热性时止的这段时间，用小时（h）表示。具体判定条件如下：

① 失去支持能力，主要是指构件在火焰或高温作用下，由于构件材质、性能的变化，承载能力和刚度降低，承受不了原设计的荷载而破坏。如受火作用后的钢筋混凝土梁失去支承能力，钢柱失稳破坏等，均属于失去支持能力。

② 完整性被破坏，主要是指薄壁分隔构件在火焰或高温作用下发生爆裂或局部塌落，形成穿透裂缝或孔洞，火焰穿过构件，使其背面可燃物燃烧起火。如受火作用后，预应力钢筋混凝土楼板的钢筋失去预应力，发生爆裂，出现孔洞，使火焰扩散到上层房间。

③ 丧失隔火作用，主要是指具有分隔作用的构件，在试验中背火面任一点的温度达到220℃时，构件失去隔火作用。

不同耐火等级建筑物主要构件的燃烧性能和耐火极限不应低于表 1-2 的规定。

表 1-2　不同耐火等级建筑物主要构件的燃烧性能和耐火极限　　　（单位：h）

构件名称		耐火等级			
		一级	二级	三级	四级
墙	防火墙	不燃性 3.00	不燃性 3.00	不燃性 3.00	不燃性 3.00
	承重墙	不燃性 3.00	不燃性 2.50	不燃性 2.00	难燃性 0.50
	非承重外墙	不燃性 1.00	不燃性 1.00	不燃性 0.50	可燃性
	1. 楼梯间和前室的墙 2. 电梯井的墙 3. 住宅建筑单元之间的墙和分户墙	不燃性 2.00	不燃性 2.00	不燃性 1.50	难燃性 0.50
	疏散走道两侧的隔墙	不燃性 1.00	不燃性 1.00	不燃性 0.50	难燃性 0.25
	房间隔墙	不燃性 0.75	不燃性 0.50	难燃性 0.50	难燃性 0.25
柱		不燃性 3.00	不燃性 2.50	不燃性 2.00	难燃性 0.50
梁		不燃性 2.00	不燃性 1.50	不燃性 1.00	难燃性 0.50
楼板		不燃性 1.50	不燃性 1.00	不燃性 0.50	可燃性
屋顶承重构件		不燃性 1.50	不燃性 1.00	可燃性 0.50	可燃性

（续）

构件名称	耐火等级			
	一级	二级	三级	四级
疏散楼梯	不燃性 1.50	不燃性 1.00	不燃性 0.50	可燃性
吊顶（包括吊顶搁栅）	不燃性 0.25	难燃性 0.25	难燃性 0.15	可燃性

（二）工业建筑

工业建筑是指为工业生产服务的生产车间及为生产服务的辅助车间、动力用房、仓储用房等，如图 1-13 所示。

（三）农业建筑

农业建筑是指供农（牧）业生产和加工用的建筑，如种子库（图 1-14）、温室、畜禽饲养场、农副产品加工厂、农机修理厂（站）等。

图 1-13　工业建筑

图 1-14　农业建筑（种子库）

三、建筑标准化和统一模数制

1. 建筑标准化

设计标准主要包括两个方面：一是建筑设计的标准问题，包括建筑法规、建筑设计规范、建筑标准、定额等；二是建筑标准设计的问题，即根据统一的标准编制的标准构件与配件图集等。

建筑构造组成与模数

实行建筑标准化，可以有效地减少建筑物构（配）件的种类，在不同建筑中可以采用标准构件，从而提高施工效率，保证施工质量，降低工程造价。

2. 统一模数制

建筑模数是指选定尺寸单位作为尺度协调中的增值单位，同时也是建筑设计、建筑施工、建筑材料与制品、建筑设备、建筑组合件等各部门进行尺度协调的基础，其目的是使构（配）件安装匹配，并有互换性。

1）基本模数，基本模数的数值规定为 100mm，表示符号为 M，即 1M 等于 100mm，整个建筑物或其中一部分以及建筑组合件的模数化尺寸均应是基本模数的倍数。

2）扩大模数，是指基本模数的整倍数，扩大模数的基数应符合下列规定：

① 水平扩大模数为 3M、6M、12M、15M、30M 和 60M 等，其相应的尺寸分别为

300mm、600mm、1200mm、1500mm、3000mm 和 6000mm。

② 竖向扩大模数的基数为 3M 和 6M，其相应的尺寸分别为 300mm 和 600mm。

3）分模数，是指整数除以基本模数的数值。分模数的基数为 M/10、M/5 和 M/2 等，其相应的尺寸分别为 10mm、20mm 和 50mm。

4）模数数列，是指由基本模数、扩大模数、分模数为基础扩展成的一系列尺寸，模数数列的幅度及适用范围如下：

① 水平基本模数的数列幅度为 (1~20)M，主要适用于门窗洞口和构（配）件断面尺寸。

② 竖向基本模数的数列幅度为 (1~36)M，主要适用于建筑物的层高、门窗洞口、构（配）件等尺寸。

③ 水平扩大模数的数列幅度：3M 为 (3~75)M；6M 为 (6~96)M；12M 为 (12~120)M；15M 为 (15~120)M；30M 为 (30~360)M；60M 为 (60~360)M。有特定需求时幅度不限，主要适用于建筑物的开间或柱距、进深或跨度、构（配）件尺寸和门窗洞口尺寸。

④ 竖向扩大模数的数列幅度不受限制，主要适用于建筑物的高度、层高、门窗洞口尺寸。

⑤ 分模数的数列幅度：M/10 为 (1/10~2)M，M/5 为 (1/5~4)M；M/2 为 (1/2~10)M，主要适用于缝隙、构造节点、构（配）件断面尺寸。

1.1.2　建筑的构造组成与设计原则

学习目标：掌握建筑的构造组成；了解建筑构造的设计原则。

一、建筑的构造组成

民用建筑通常由基础、墙体、楼地层、楼梯、屋顶、门窗等部分组成，如图 1-15 所示。

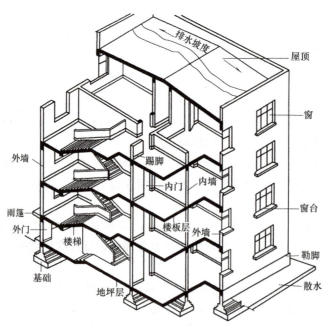

图 1-15　民用建筑的构造组成

它们在不同的部位发挥着不同的作用。

1. 基础

基础是位于建筑物最下部的承重构件，承受着建筑物的全部荷载，并把这些荷载传给地基。因此，基础必须坚固、稳定且可靠。

2. 墙体

墙体的主要作用是承重、围护和分隔。作为承重构件，承受着建筑物由屋顶或楼板层传来的荷载，并将这些荷载传给基础；作为围护构件，外墙起着抵御自然界各种因素对室内侵袭的作用，内墙起着分隔空间的作用。因此，要求墙体根据功能的不同分别具有足够的强度、稳定性，以及保温、隔热、隔声、防水、防火等能力，以及一定的经济性和耐久性。

3. 楼地层

楼地层包括楼板层和地坪层。楼板层是建筑物水平方向的承重构件，按房间层高将整幢建筑物沿水平方向分为若干部分。楼板层承受着家具、设备和人的荷载以及结构本身的自重，并将这些荷载传给墙体；同时，还对墙身起着水平支承的作用，因此要求楼板层具有足够的抗弯强度、刚度和隔声能力。对有水侵蚀的房间，楼板层还要求有防潮、防水的能力。地坪层是建筑物底层与土层接触的部分，它承受底层房间的荷载。地坪层根据不同要求应具有耐磨、防潮、防水和保温等能力。

4. 楼梯

楼梯是建筑物的垂直交通设施，供人们上下楼层和紧急疏散之用。楼梯应具有足够的通行能力以及防火、防滑等功能。

5. 屋顶

屋顶是建筑物顶部的外围护构件和承重构件，其抵御着自然界雨、雪及太阳热辐射等对建筑物顶部的影响，承受着建筑物的顶部荷载，并将这些荷载传给墙。屋顶必须具有足够的强度、刚度，以及防水、保温、隔热等能力。

6. 门窗

门主要供人们内外通行和分隔房间之用；窗主要是采光和通风，同时也起分隔和围护作用。门和窗均属非承重构件。门窗应具有保温、隔热和隔声的能力。

二、建筑构造的设计原则

1. 结构坚固、耐久

除按荷载大小及结构要求确定构件的基本断面尺寸外，对阳台、楼梯栏杆、顶棚、门窗与墙体的连接等构造设计，都必须保证建筑物构（配）件在使用时的安全。

2. 技术先进

在进行建筑构造设计时，应大力改进传统的建筑方式，从材料、结构、施工等方面引入先进技术，并注意因地制宜。

3. 合理降低造价

在构件的设计中，要注意整体建筑物的经济、社会和环境的综合效益。在经济上注重节约，降低材料的能源消耗，尤其要注意钢材、水泥、木材三大材料的使用，要在保证质量的前提下尽可能降低造价。

4. 美观大方

建筑物的形象除了适宜的体型组合和立面外，一些建筑细部的构造设计对整体美观也有很大的影响。

1.1.3 投影知识

> 学习目标：了解投影的形成与分类，投影图的分类；熟悉三面正投影的特性，掌握点、线的投影规律；掌握平面的投影规律；熟悉剖面图、断面图的概念；掌握剖面图、断面图的画法。

一、投影的形成

当光线照射物体时会在墙面或地面上产生影子，而且随着光线照射角度或距离的改变，影子的位置和大小也会改变，从这些自然现象中人们经过长期的探索总结出了物体的投影规律。在投影理论中把光线称为投射线，把光源 S 称为投射中心，把落影平面 H 称为投影面，把产生的影子称为投影图，把物体抽象地称为形体，如图 1-16 所示。产生投影必须具备下面三个条件：投射线、投影面、形体。

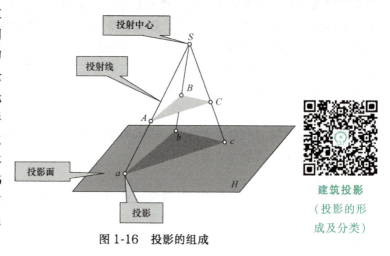

图 1-16　投影的组成

建筑投影
（投影的形成及分类）

二、投影的分类

根据投射中心与投影面位置的不同，投影可分为中心投影和平行投影。

（1）中心投影

投射中心距离投影面为有限远时，所有的投射线都交汇于投射中心，这种投影方法称为中心投影法，由此得到的投影图形称为中心投影图，简称中心投影，如图 1-17 所示。

（2）平行投影

投射中心距离投影面为无限远时，所有投射线成为平行线，这种投影方法称为平行投影法，由此得到的投影图称为平行投影图，简称平行投影。在平行投影中由于投射线与投影面夹角的不同，还可以分为斜投影和正投影。

投射线垂直于投影面所作出的平行投影称为正投影，投射线倾斜于投影面所作

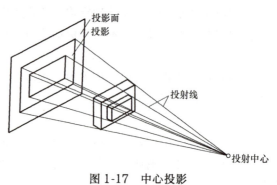

图 1-17　中心投影

出的平行投影称为斜投影，如图 1-18 所示。

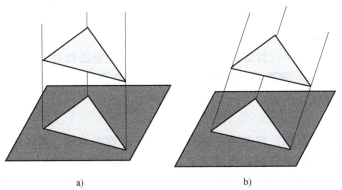

图 1-18 平行投影
a）正投影 b）斜投影

三、投影图的分类

投影图有以下分类：

（1）透视投影图

用中心投影法绘制的单面投影图，一般称为透视投影图，如图 1-19 所示。这种图真实、

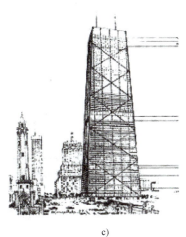

图 1-19 透视投影图
a）一点透视图 b）两点透视图 c）三点透视图

直观、形象逼真，且符合人们的视觉习惯；但绘制复杂，且不能在投影图中度量和标注形体的尺寸，所以不能作为施工的依据。

（2）轴测投影图

轴测投影图采用单面平行投影，它是把物体按平行投影法投射至单一投影面上所得到的投影图，如图 1-20 所示。该图具有较强的立体感；但作图方法较复杂，度量性较差，只能作为工程图的辅助图样。

（3）正投影图

通常采用多面正投影图：首先要在空间上建立一个投影体系，然后把一个形体用正投影的方法画出其在各个投影面上的正投影。房屋三面正投影图如图 1-21 所示。正投影图作图较简便，能准确地反映物体的形状和大小，便于度量和标注尺寸；但立体感差，不易识读。

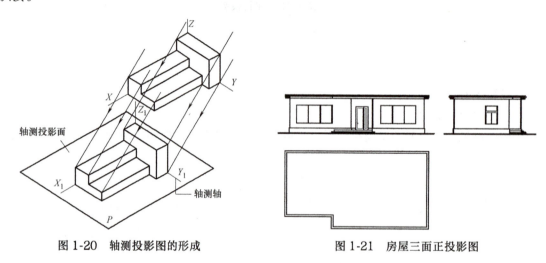

图 1-20 轴测投影图的形成　　　　　图 1-21 房屋三面正投影图

（4）标高投影图

标高投影图是一种带有高程数字标记的水平正投影图，它是一种单面投影，用来表达地面的形状，如图 1-22 所示。

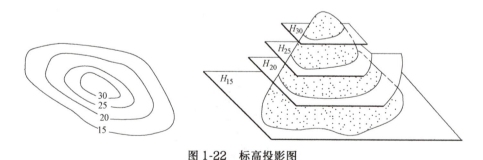

图 1-22 标高投影图

四、正投影的基本特性

点、直线、平面是最基本的几何元素，学习投影方法应该从了解点、直线、平面的正投影特性开始。点、直线、平面的正投影图有如下特性：

1. 同素性

直线的投影一般情况下还是直线，如图 1-23 所示。

2. 从属性

若点在直线上，则点的投影必在直线的投影上，如图 1-24 所示。

3. 定比性

点分线段成某一比例，则点的投影分线段的投影成相同的比例，如图 1-25 所示。

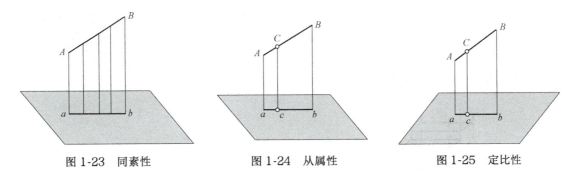

图 1-23　同素性　　　　图 1-24　从属性　　　　图 1-25　定比性

4. 平行性

若两直线平行，则其投影必相互平行，如图 1-26 所示。

5. 显实性

若直线、平面平行于投影面，则投影反映其实形，如图 1-27 所示。

6. 类似性

若直线、平面倾斜于投影面，则投影与其相仿，如图 1-28 所示。

7. 积聚性

当直线或平面与投影面垂直时，其投影分别积聚为一点或一直线，如图 1-29 所示。

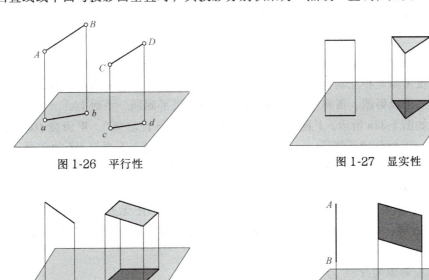

图 1-26　平行性　　　　　　　　　图 1-27　显实性

图 1-28　类似性　　　　　　　　　图 1-29　积聚性

五、三面正投影图

1. 三面正投影图的形成

空间中不同形状的物体，它们在同一个投影面上的正投影却是相同的，如图 1-30 所示。因此，需要多个投影面来反映物体的实形。

一般把形体放在由三个相互垂直的平面所组成的三面投影体系中进行投影，如图 1-31 所示。在三面投影体系中，水平放置的平面称为水平投影面，用字母 "H" 表示，简称为 H 面；正对观察者的平面称为正立投影面，用字母 "V" 表示，简称为 V 面；观察者右侧的平面称为侧立投影面，用字母 "W" 表示，简称为 W 面。

建筑投影
（三面投影体系）

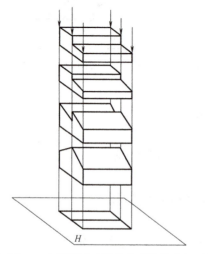

图 1-30 一个投影面不能确定形体的空间形状

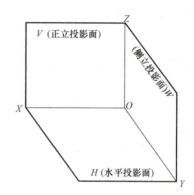

图 1-31 三投影面的建立

2. 三个正投影面的展开

由于三个投影面是相互垂直的，因此三个投影图也就不在一个平面上，为了能在一张图纸上反映出这三个投影图，需将三个投影面按一定规则展平到同一平面上。

展平时，如图 1-32a 所示，V 面不动，H 面绕 OX 轴向下转动 90°，W 面绕 OZ 轴向右转动 90°。此时，OY 轴分成了两条：一条随 H 面旋转到 OZ 轴的正下方与 OZ 轴在同一条直线上，用 Y_H 表示；另一条随 W 面旋转到 OX 轴的正右方与 OX 轴在同一条直线上，用 Y_W 表示，如图 1-32b 所示。

H 面、V 面、W 面的位置是固定的，投影面的大小与投影图无关。在实际绘图时，不必画出投影面的边框，也不必注写 H、V、W 字样，投影轴 OX、OY、OZ 也不必画出，如图 1-33 所示。

3. 三面正投影图的分析

（1）投影图的三等关系

1）正面投影图和水平投影图在 OX 轴都反映物体的长度，它们的位置左右对正，即长对正。

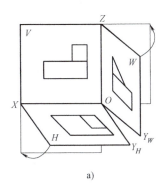

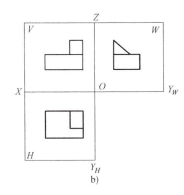

图 1-32　三面投影体系的展开　　　　　　图 1-33　无轴三面投影图

2）正面投影图和侧面投影图在 OZ 轴方向都反映物体的高度，它们的位置上下对齐，即高平齐。

3）水平投影图和侧面投影图在 OY_W、OY_H 轴方向都反映物体的宽度，这两个宽度一定相等，即宽相等。

一般把这一投影规律称为正投影的"三等"关系，即"长对正，高平齐，宽相等"，如图 1-34 所示。这一投影关系既是三面投影之间的重要特性，也是画图和识图时必须要遵守的投影规律。

（2）投影图的方位对应规律

投影图的方位对应规律是指各投影图之间在方向位置上相互对应，如图 1-35 所示。

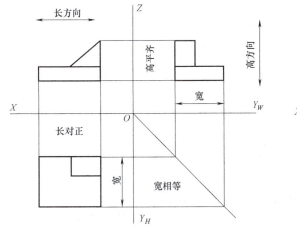

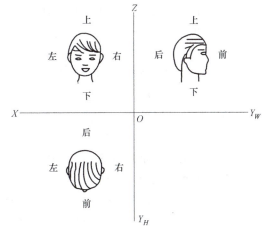

图 1-34　正投影图"三等"关系　　　　图 1-35　投影图与形体的方位关系

六、三面投影体系

1. 点的投影

（1）点的三面投影

在三面投影体系中，有一个空间点 A，由 A 分别向 H 面、V 面和 W 面作垂线，所得到的三个垂足即为点 A 的三个正投影（简称投影）。其

建筑投影（点线面的投影）

15

中，水平投影面 H 上的投影叫水平投影，用相应的小写字母 a 表示；正立投影面 V 上的投影叫正面投影，用在右上角带一撇的相应小写字母 a' 表示；侧立投影面 W 上的投影叫侧面投影，用在右上角带两撇的相应小写字母 a'' 表示，如图 1-36 所示。

如图 1-36b、c 所示，按投影体系的展开方法将三个投影面展平在一个平面上，去掉边框后就得到了点的三面投影图。在投影图中，点用小圆圈表示。

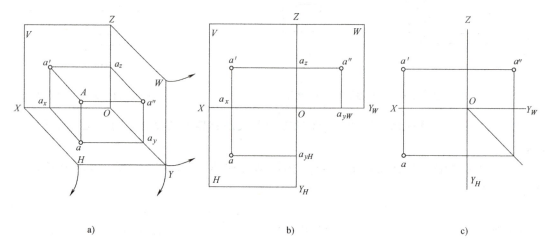

a)   b)   c)

图 1-36 点的三面投影

a）立体图 b）投影图 c）去掉边框后的投影图

（2）点的三面投影规律

1）点的水平投影与正面投影的连线垂直于 OX 轴。

2）点的正面投影和侧面投影的连线垂直于 OZ 轴。

3）点的水平投影到 OX 轴的距离等于侧面投影到 OZ 轴的距离。

4）点到某投影面的距离等于其在另两个投影面上的投影到相应投影轴的距离。

（3）两点的相对位置及重影点

1）两点的相对位置。两点的相对位置是指空间两点的上下、左右和前后的位置关系。这种位置关系可根据坐标的大小来判别：

① 按 x 坐标判别两点的左右关系，x 坐标大的在左、小的在右。

② 按 y 坐标判别两点的前后关系，y 坐标大的在前、小的在后。

③ 按 z 坐标判别两点的上下关系，z 坐标大的在上、小的在下。

2）重影点。当空间的两点位于同一条投射线上时，它们在与该投射线垂直的投影面上的投影重合为一点，称这样的两点 A 和 B 为对 H 面的重影点，如图 1-37 所示。

2. 直线的投影

（1）直线投影的形成

一条直线可由直线上的两点来决定。对直线而言，一般用线段的两个投影来确定直线的投影。一条直线对投影面 H、V、W 的夹角称为直线对投影面的倾角。

（2）各种位置直线的投影

1）一般位置直线。与三个投影面都倾斜的直线称为一般位置直线，如图 1-38a 所示。它在每个投影面上的投影都呈倾斜状态，如图 1-38b 所示。

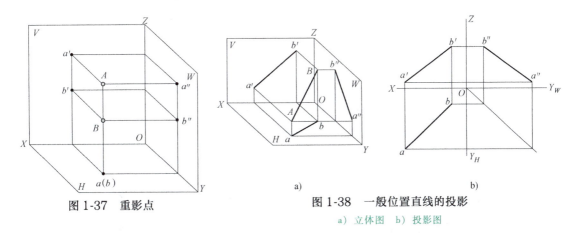

图 1-37　重影点

图 1-38　一般位置直线的投影

a）立体图　b）投影图

设直线 AB 与 H 面、V 面及 W 面的倾角分别为 α、β 和 γ，则 AB 直线的各投影长度分别为：$ab = AB\cos\alpha$；$a'b' = AB\cos\beta$；$a''b'' = AB\cos\gamma$。因为角 α、β、γ 都不等于零，也不等于 $90°$，所以一般位置直线的各个投影都比空间线段要短。

2）投影面垂直线。垂直于一个投影面的直线称为投影面垂直线。垂直线分三种：铅垂线——垂直于 H 面，正垂线——垂直于 V 面，侧垂线——垂直于 W 面。投影面垂直线的投影见表 1-3。

表 1-3　投影面垂直线的投影

	立体图	投影图	投影特性
铅垂线			水平面投影积聚成一点，其他两个投影平行于 OZ 轴，并反映实长
正垂线			正面投影积聚成一点，其他两个投影平行于 OY 轴，并反映实长
侧垂线			侧面投影积聚成一点，其他两个投影平行于 OX 轴，并反映实长

17

3）投影面平行线。仅平行于一个投影面的直线称为投影面平行线。平行线分三种：水平线——平行于 H 面；正平线——平行于 V 面；侧平线——平行于 W 面。投影面平行线的投影见表1-4。

表 1-4　投影面平行线的投影

立体图	投影图	投影特性
水平线		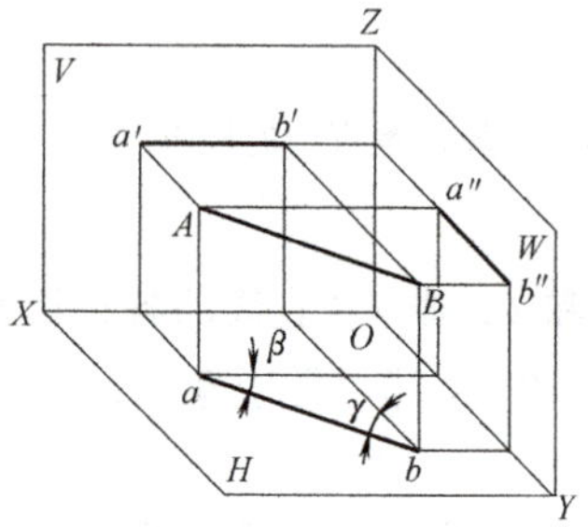 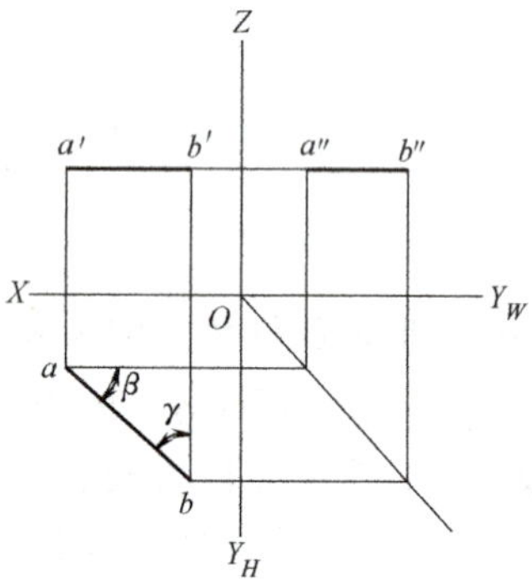 水平投影反映实长，倾斜于 OX 轴，反映 β、γ 角 正面投影比实长短，平行于 OX 轴 侧面投影比实长短，平行于 OY_W 轴
正平线		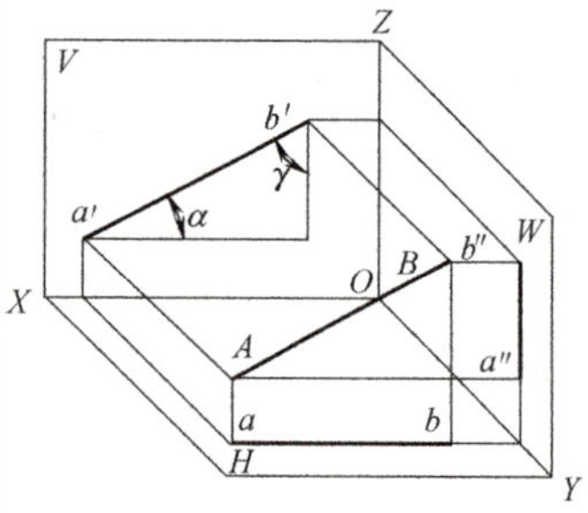 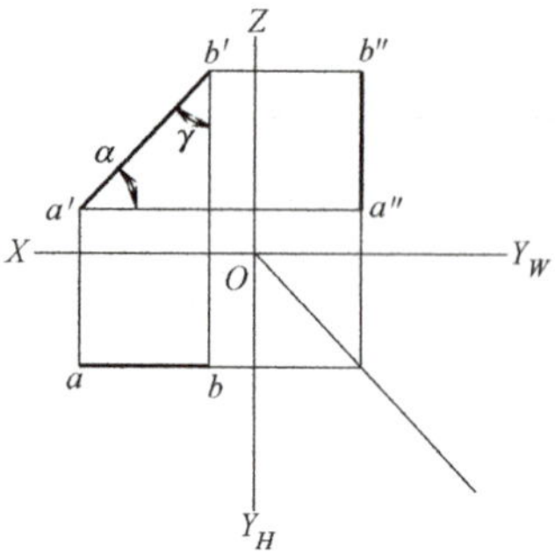 正面投影反映实长，倾斜于 OX 轴，反映 α、γ 角 水平投影比实长短，平行于 OX 轴 侧面投影比实长短，平行于 OZ 轴
侧平线		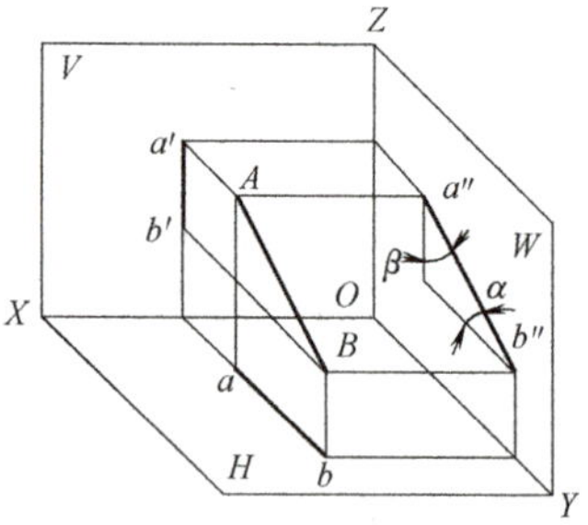 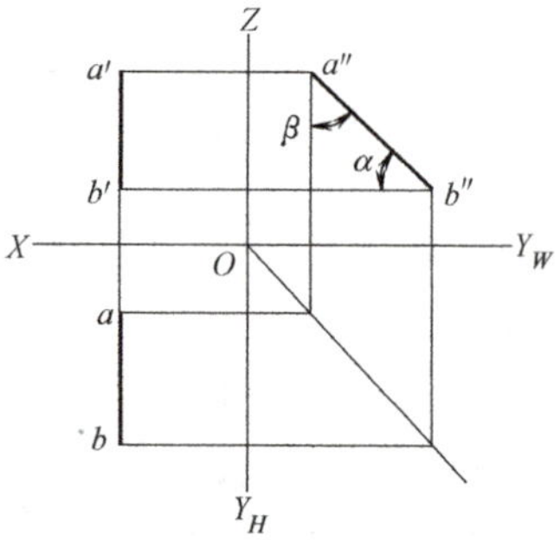 侧面投影反映实长，倾斜于 OZ 轴，反映 α、β 角 正面投影比实长短，平行于 OZ 轴 水平投影比实长短，平行于 OY_H 轴

投影面垂直线和投影面平行线统称为特殊位置直线。

3. 平面的投影

平面在三面投影体系中的位置，可分为三种情况：

1）一般位置平面。与投影面既不垂直又不平行的平面，称为一般位置平面。图 1-39a 反映一般位置平面 ABC 的空间情况，图 1-39b 是它的投影图。可以看出，△ABC 的各个投影均是面积缩小了的类似形。

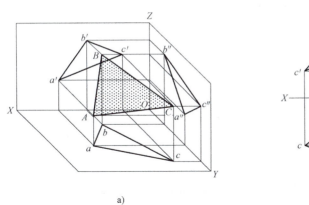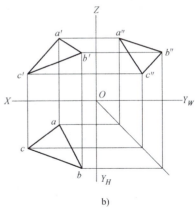

图 1-39　一般位置平面的投影

a) 立体图　b) 投影图

2）投影面垂直面。垂直于一个投影面的平面称为投影面垂直面。投影面垂直面有三种：铅垂面——垂直于 H 面；正垂面——垂直于 V 面；侧垂面——垂直于 W 面。投影面垂直面的投影见表 1-5。

表 1-5　投影面垂直面的投影

	立体图	投影图	投影特性
铅垂面			水平投影积聚成直线,并反映倾角 β 和 γ 正面投影和侧面投影不反映实形,是面积缩小了的类似形
正垂面			正面投影积聚成直线,并反映倾角 α 和 γ 水平投影和侧面投影不反映实形,是面积缩小了的类似形

19

（续）

立体图	投影图	投影特性
侧垂面		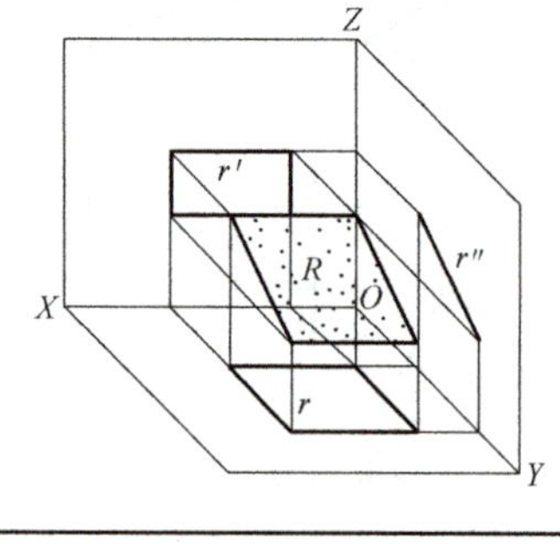 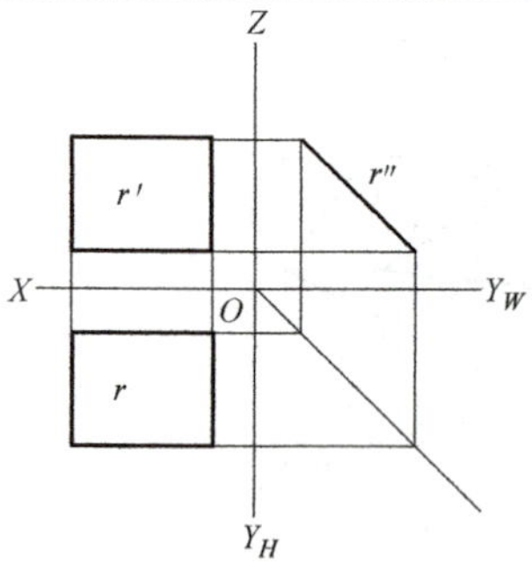 侧面投影积聚成直线，并反映倾角 α 和 β 水平投影和正面投影不反映实形，是面积缩小了的类似形

3）投影面平行面。平行于投影面的平面称为投影面平行面。投影面平行面有三种：水平面——平行于 H 面；正平面——平行于 V 面；侧平面——平行于 W 面。投影面平行面的投影见表1-6。

表 1-6　投影面平行面的投影

立体图	投影图	投影特性
水平面		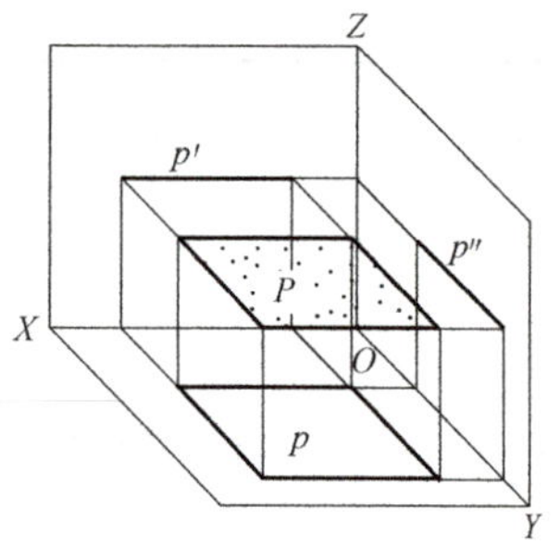 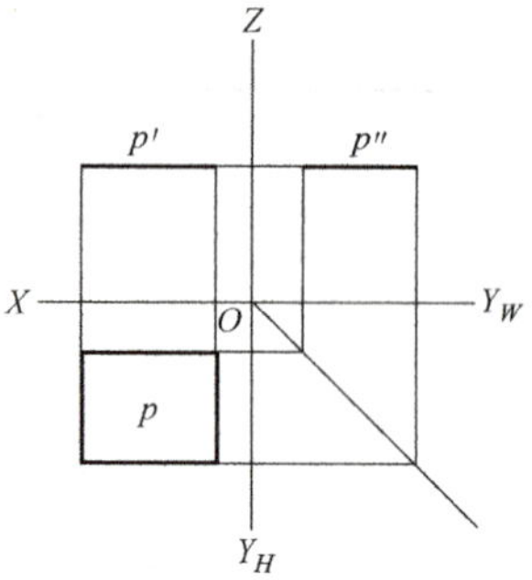 正面投影和侧面投影积聚成直线，水平投影反映实形
正平面		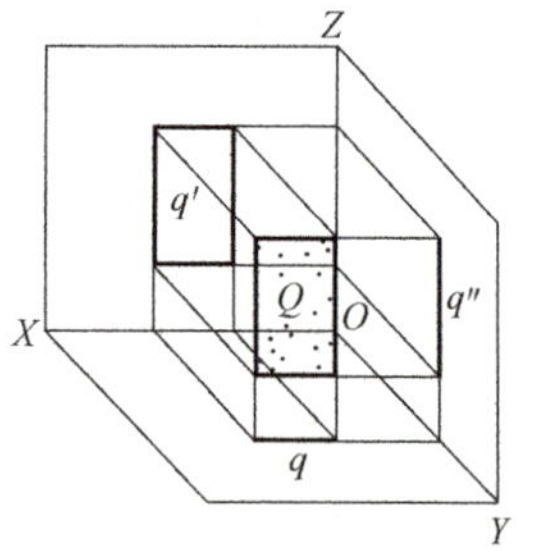 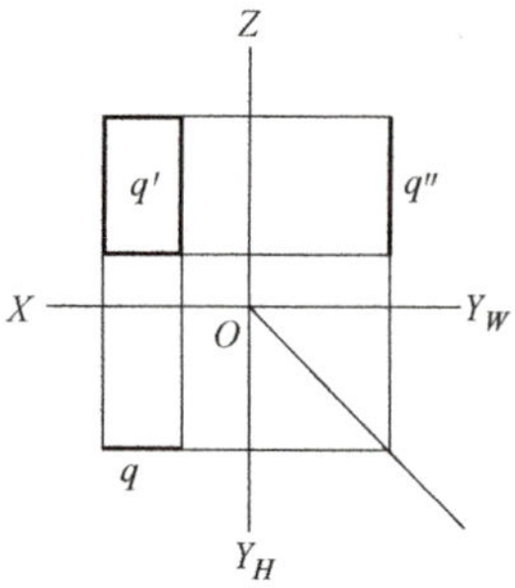 水平投影和侧面投影积聚成直线，正面投影反映实形
侧平面		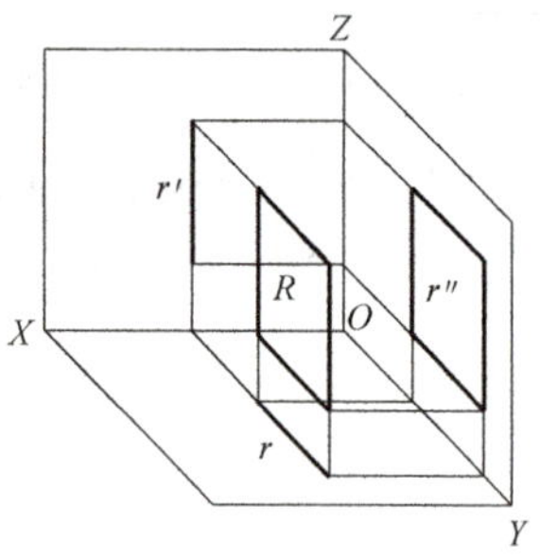 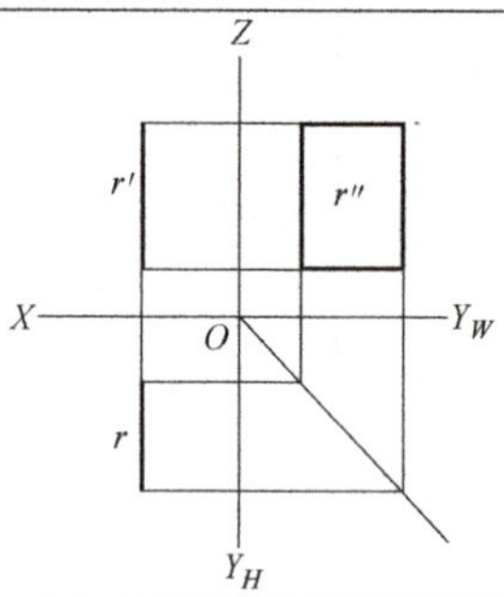 水平投影和正面投影积聚成直线，侧面投影反映实形

投影面垂直面和投影面平行面统称为特殊位置平面。

七、剖面图与断面图

1. 剖面图

用三面投影图虽能清楚地表达出物体的外部形状，但内部形状却需用虚线来表示，对于内部形状比较复杂的物体，就会在图上出现较多的虚线，并且虚线、实线纵横交错，难以识读。为此，制图标准中规定用剖面图表达物体的内形。

（1）剖面图的形成

假想用一个剖切平面将物体切开，移去观察者与剖切平面之间的部分，将剩下的那部分物体向投影面投影，所得到的投影图叫作剖面图，简称为剖面，如图 1-40 所示。

作剖面图时应注意以下几点：

1）剖切只是一种为表达物体内部结构而假想剖开的图示方法，并不是真正把物体切开后移走一部分。因此，在画同一物体的一组视图时，不论需要从几个方向作多少次剖切进行表达，对每个视图都应按完整形体考虑。

2）应尽量首先采用投影面的平行面作剖切平面，这样才有利于使画出的剖面图形直接在基本视图位置上反映内部实形，同时也便于作图。

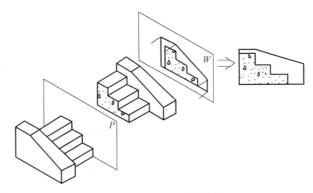

图 1-40　剖面图的形成

3）在剖面图中一般不画虚线，只有当被省略的虚线所表达的意义不能在其他视图中表示或造成识图困难时，才可画出虚线。

4）在画剖面图时，要特别注意画全处于剖切平面后边物体的投影，不可漏画。

5）为了区分物体的主要轮廓与剖切区域，规定剖切区域的轮廓用粗实线表示，并在剖切区域内画上表示材料类型的图例，常用建筑材料图例见表 1-7。未被剖切平面剖切到但可见部分的轮廓线用中粗实线表示。

表 1-7　常用建筑材料图例

名称	图例	备注
自然土壤		包括各种自然土壤
夯实土壤		—
砂、灰土		—
砂砾石、碎砖三合土		—
石材		—
毛石		—

（续）

名称	图例	备注
实心砖、多孔砖	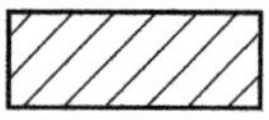	包括普通砖、多孔砖、混凝土砖等砌体
耐火砖		包括耐酸砖等砌体
空心砖、空心砌块	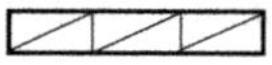	包括空心砖、普通或轻集料混凝土小型空心砌块等砌体
加气混凝土	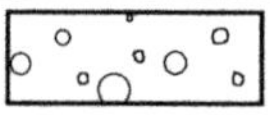	包括加气混凝土砌块砌体、加气混凝土墙板及加气混凝土材料制品等
饰面砖		包括铺地砖、玻璃马赛克、陶瓷锦砖、人造大理石等
焦渣、矿渣	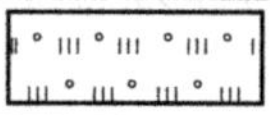	包括与水泥、石灰等混合而成的材料
混凝土	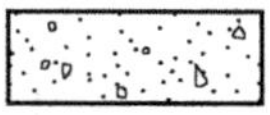	包括各种强度等级、集料、添加剂的混凝土 在剖面图上绘制表达钢筋时,则不需绘制图例线 断面图形较小,不易绘制表达图线时,可填黑或深灰(灰度宜为70%)
钢筋混凝土		
多孔材料	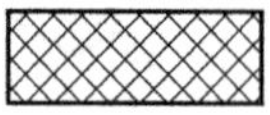	包括水泥珍珠岩、沥青珍珠岩、泡沫混凝土、软木、蛭石制品等
纤维材料	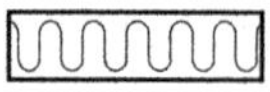	包括矿棉、岩棉、玻璃棉、麻丝、木丝板、纤维板等
泡沫塑料材料	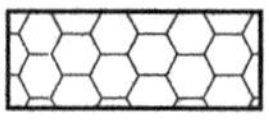	包括聚苯乙烯、聚乙烯、聚氨酯等多聚合物类材料
木材	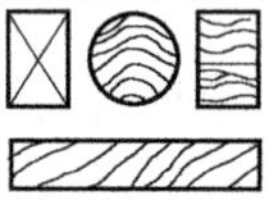	上图为横断面,左上图为垫木、木砖或木龙骨 下图为纵断面
胶合板		应注明为×层胶合板
石膏板	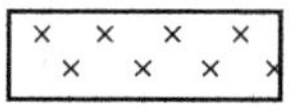	包括圆孔或方孔石膏板、防水石膏板、硅钙板、防火石膏板等
金属	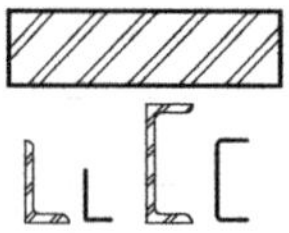	包括各种金属 图形较小时,可填黑或深灰(灰度宜为70%)
网状材料		包括金属、塑料网状材料 应注明具体材料名称
液体	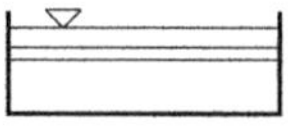	应注明具体液体名称
玻璃		包括平板玻璃、磨砂玻璃、夹丝玻璃、钢化玻璃、中空玻璃、夹层玻璃、镀膜玻璃等
橡胶		—

（续）

名称	图例	备注
塑料		包括各种软、硬塑料及有机玻璃等
防水材料		构造层次多或绘制比例大时，采用上面的图例
粉刷		本图例采用较稀的点

（2）剖面图的剖切符号

由于剖面图本身不能反映剖切平面的位置，必须在其他投影图上标出剖切平面的位置、剖切形式及编号。在建筑工程图中用剖切符号表示剖切平面的位置及剖切开以后的投射方向，如图 1-41 所示。剖切符号的具体表示方法如下：

1）剖切位置用"剖切位置线"表示，它是长度为 6~10mm 的两段粗实线，绘制时不得与图线相交。

2）投射方向用"剖视方向线"表示，它位于剖切位置线的两端，与剖切位置线垂直，是长度为 4~6mm 的粗实线。

剖切符号的编号一般用阿拉伯数字，按顺序从左至右、由下至上连续编排，写在剖视方向线的端部，编号数字一律水平书写。剖面图画好后应在下面标注图名，图名中数字之间加一横线，如 1—1 剖面图、2—2 剖面图。

（3）剖面图的分类

由于物体内部形状变化较为复杂，常选用不同数量、位置的剖切平面来剖切物体，才能将其内部的结构形状表达清楚。剖面图按剖切方式不同可分为全剖面图、半剖面图、局部剖面图、阶梯剖面图、展开剖面图、分层剖面图。

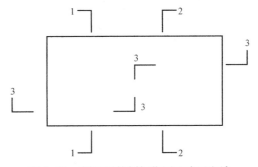

图 1-41　剖面图的剖切位置及表示方法

1）全剖面图。用一个剖切平面完全地剖开物体后所画出的剖面图称为全剖面图，它适用于外形结构简单而内部结构复杂的物体，如图 1-42 所示。

2）半剖面图。当物体具有对称面且内外结构都比较复杂时，可以图形对称中心线为分界线，将物体的一半画成剖面，以表达物体的内部形状；另一半画成视图，以表达物体的外形，这种由半个剖面和半个视图组成的图形称为半剖面图，如图 1-43 所示。

3）局部剖面图。用一个剖切平面局部地剖开物体，以显示物体该局部的内部形状，所画出的剖面图称为局部剖面图，如图 1-44 所示。

4）阶梯剖面图。当物体内部的形状比较复杂，而且又分布在不同的层次上时，则可采用几个相互

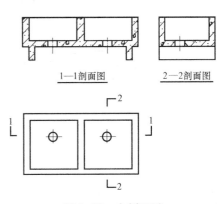

图 1-42　全剖面图

平行的剖切平面对物体进行剖切，然后将各剖切平面所截到的形状同时画在一个剖面图中，所得到的剖面图称为阶梯剖面图，如图 1-45 所示。

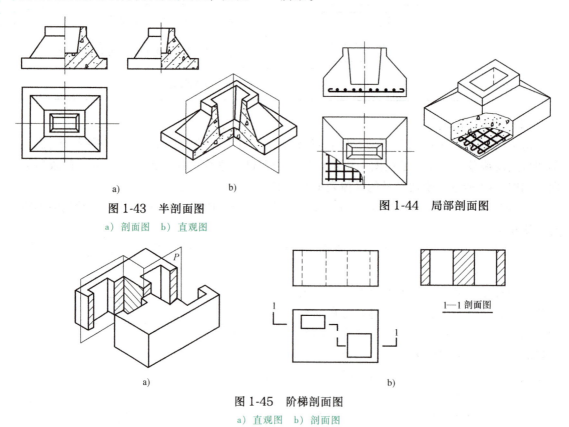

图 1-43　半剖面图

a）剖面图　b）直观图

图 1-44　局部剖面图

图 1-45　阶梯剖面图

a）直观图　b）剖面图

5）展开剖面图。用两个相交剖切平面将形体剖切开，所得到的剖面图经旋转展开，平行于某个基本投影后再进行正投影，所得图形称为展开剖面图，如图 1-46 所示。

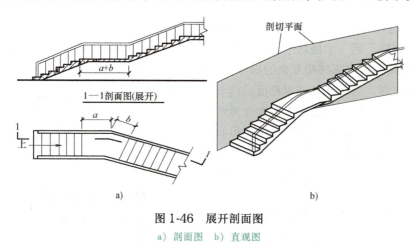

图 1-46　展开剖面图

a）剖面图　b）直观图

6）分层剖面图。用几个互相平行的剖切平面分别将物体局部剖开，把几个局部剖面图重叠画在一个投影图上，用波浪线将各层的投影分开，所得图形称为分层剖面图，如图 1-47 所示。

2. 断面图

（1）断面图的形成

假想用一个平行于某投影面的剖切平面剖开形体，仅将截得的图形向与之平行的投影面投射，所得到的图形称为断面图，截得的截面称为"断面"。形体被剖切后，断面反映出构件所采用的材料，因此在绘制断面图时，不仅要作出断面的形状，也要在截面上画出相应的材料符号，如图 1-48 所示（左图为剖面图，右图为断面图）。

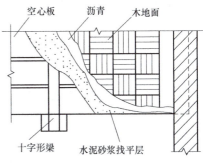

图 1-47　分层剖面图

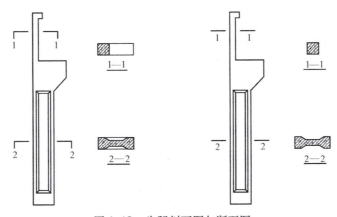

图 1-48　牛腿剖面图与断面图

（2）断面图的剖切符号

断面图的剖切符号只有剖切位置线，没有剖视方向线，剖切位置线是一条长度为 6~10mm 的粗实线。断面图的编号一般用 1—1、2—2 等顺序表示，编号所在的位置表示投射方向，编号写在投射方向一侧。

（3）断面图的分类

1）移出断面图，画在视图外面的断面图称为移出断面图。移出断面图的轮廓线用粗实线绘制，并在断面图中根据所绘物体的材料画出规定的图例线，如图 1-49 所示。

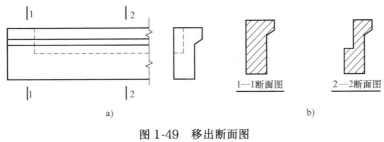

图 1-49　移出断面图

a）三视图　b）断面图

2）重合断面图，画在视图之内的断面图称为重合断面图。重合断面图的轮廓线应区别于视图轮廓，一般用细实线绘制，如图 1-50 所示。

3）中断断面图，将断面图画在杆件的中断处，称为中断断面图，如图 1-51 所示。中断断面图适用于外形简单、细长的杆件，不需要额外标注。

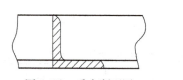

图 1-50　重合断面图

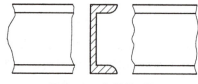

图 1-51　中断断面图

（4）剖面图与断面图的区别

1）绘制内容不同：断面图只画出被切断处的截面形状；而剖面图则不仅要画出被切断处的截面形状，还要画出物体被剖切后所余下的物体投影。断面图本身只是一个平面（截面图形）的投影，而剖面图则是部分形体的投影，剖面图中包含有断面图。

2）标注方法不同：断面图用剖切线（两段短粗线）表明剖切平面的位置，而剖切后的投射方向只是用剖面编号的注写位置予以表明；而剖面图的标注除了用编号注写外，还须在剖切位置线的两端加上垂直短线，以表明投射方向。

1.1.4　建筑制图标准

学习目标：了解建筑制图相关标准；掌握建筑制图工具及使用方法。

建筑图纸是建筑设计和施工中的重要技术资料，是工程人员交流技术思想的工程语言。为了使图纸图样统一规范，使图面整洁、清晰，符合施工要求和便于进行技术交流，国家颁布了一系列制图标准，如《房屋建筑制图统一标准》（GB/T 50001—2017）、《总图制图标准》（GB/T 50103—2010）、《建筑制图标准》（GB/T 50104—2010）、《建筑结构制图标准》（GB/T 50105—2010）、《暖通空调制图标准》（GB/T 50114—2010）、《建筑给水排水制图标准》（GB/T 50106—2010），是建筑业从业人员必须共同遵守和执行的准则、依据。

一、幅面

1. 图纸的幅面

图纸的幅面是指图纸尺寸规格的大小，图框是指在图纸上绘图范围 图幅、图框、
的界线。图纸幅面及图框尺寸应符合表 1-8 规定的格式。一般的 A0~A3 标题栏、会签栏
图纸宜横式使用，必要时也可立式使用，如图 1-52 所示。表 1-8 和图 1-52 中，b 代表短边尺寸、l 代表长边尺寸、c 为图框线与幅面线之间的宽度、a 为图框线与装订边之间的宽度。

如果图纸幅面不够，可将图纸长边加长，短边不得加长，加长的长度按照长边的 1/8 递增。

表 1-8　图幅及图框大小　　　　　　　　　（单位：mm）

尺寸代号	幅面代号				
	A0	A1	A2	A3	A4
$b×l$	841×1189	594×841	420×594	297×420	210×297
c	10			5	
a	25				

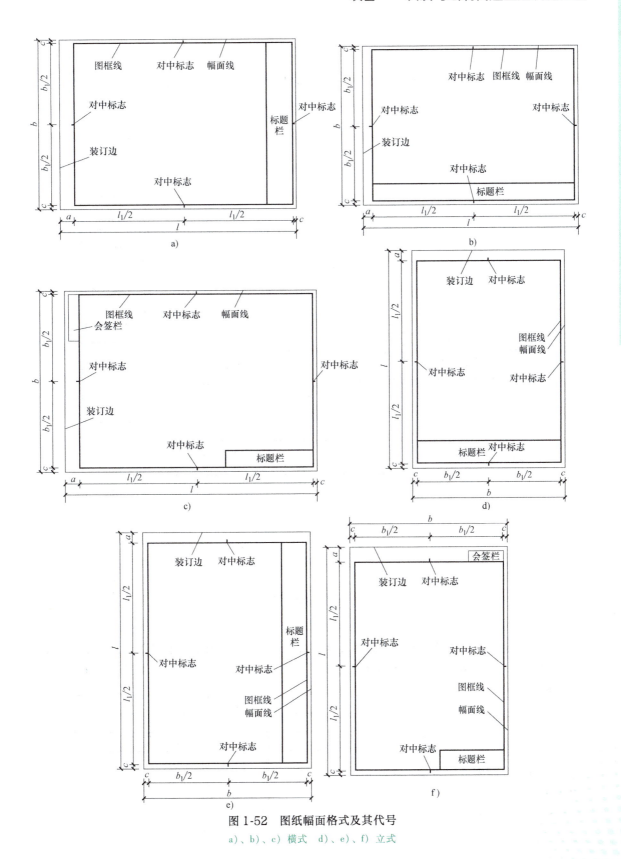

图 1-52 图纸幅面格式及其代号

a)、b)、c) 横式   d)、e)、f) 立式

2. 标题栏及会签栏

图纸标题栏（简称图标）是用来填写设计单位（设计人、绘图人、审批人）的签名和日期、工程名称、图名、图纸编号等内容的。标题栏放置在图框的右下角时，图示内容如图1-53a、b所示；标题栏放置在图框的下面时，图示内容如图1-53c所示；标题栏放置在图框的右侧时，图示内容如图1-53d所示。

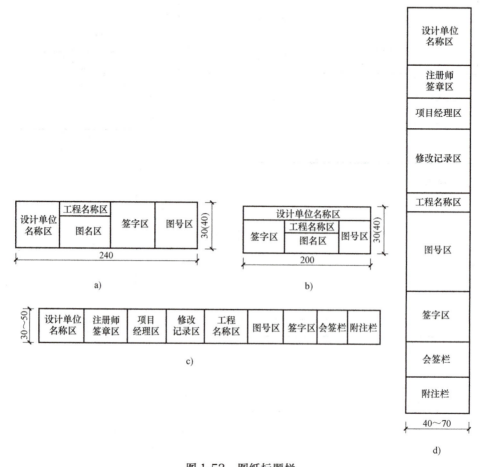

图1-53 图纸标题栏

a)、b) 位于图框右下角 c) 位于图框下面 d) 位于图框右侧

会签栏是指工程建设图纸上由会签人员填写的有关专业、姓名、日期等的一个表格，如图1-54所示。不需要会签的图纸可不设会签栏，对于学生在学习阶段的制图作业建议不设会签栏。

二、比例、字体

1. 比例

建筑工程制图中，建筑物往往用缩得很小的比例绘制在图纸上，而对某些细部构造又要用较大的比例绘制在图纸上。图样的比例是指图形与实物相对应

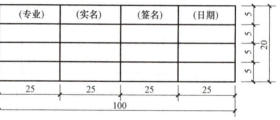

图1-54 会签栏

的线性尺寸之比，图样的比例为图形与实物相对应的线性尺寸之比，比例规定用阿拉伯数字表示，如 1∶20、1∶50、1∶100 等。

对于建筑工程图，多用缩小的比例绘制在图纸上，如用 1∶20 的比例画出的图样，其线性尺寸是实物相对于线性尺寸的 1/20。比例的大小是指比值的大小，如 1∶50 大于 1∶100。无论图的比例大小如何，在图中都必须标注物体的实际尺寸。绘图选用的比例可参考表 1-9。

表 1-9 绘图比例参考

图名	比例
建筑物或构筑物的平面图、立面图、剖面图	1∶50、1∶100、1∶150、1∶200、1∶300
建筑物或构筑物的局部放大图	1∶10、1∶20、1∶25、1∶30、1∶50
配件及构造详图	1∶1、1∶2、1∶5、1∶10、1∶15、1∶20、1∶25、1∶30、1∶50

图中的比例应注写在图名的右侧，如图 1-55 所示。比例的字高应比图名的字高小 1 号或 2 号。图名下画一条粗实线（不要画两条），其长度与图名文字所占长度相当。比例下不画线时，字的底线应取平。当同一张图纸上的各图只选用一种比例时，也可把比例统一注写在标题栏内。

2. 字体

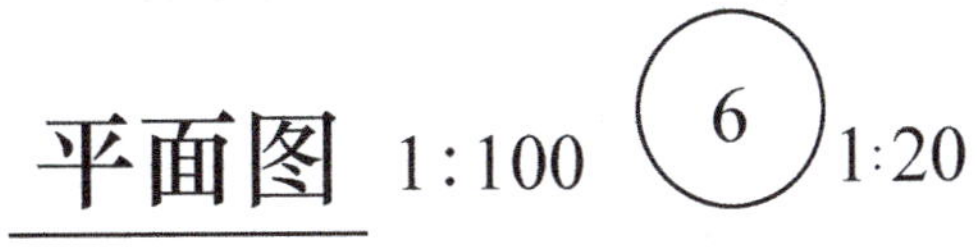

图纸上所需书写的文字、数字或符号等，均应笔画清晰、字体端正、排列整齐；标点符号应清楚正确。文字的字高见表 1-10。字

平面图 1∶100 ⑥ 1∶20

图 1-55 比例的注写

高大于 10mm 的文字宜采用 True type 字体，如需书写更大的字，其高度应按 $\sqrt{2}$ 的倍数递增。

表 1-10 文字的字高　　　　　　　　　　　　　　（单位：mm）

字体种类	汉字矢量字体	True type 字体及非汉字矢量字体
字高	3.5、5、7、10、14、20	3、4、6、8、10、14、20

图样及说明中的汉字，宜优先采用 True type 字体中的宋体字型，采用矢量字体时应为长仿宋体字型。同一图纸中字体种类不应超过两种。

矢量字体的宽高比宜为 0.7，且应符合表 1-11 的规定，打印线宽宜为 0.25～0.35mm；True type 字体的宽高比宜为 1。大标题、图册封面、地形图等的汉字，也可书写成其他字体，但应易于辨认，其宽高比宜为 1。

表 1-11 长仿宋体字高宽关系　　　　　　　　　（单位：mm）

字高	3.5	5	7	10	14	20
字宽	2.5	3.5	5	7	10	14

图样及说明中的字母、数字，宜优先采用 True type 字体中的 Roman 字型。字母及数字，当需写成斜体字时，其斜度应是从字的底线逆时针向上倾斜 75°。斜体字的高度和宽度应与相应的直体字相等。字母及数字的字高不应小于 2.5mm。

三、图线

1. 线型

建筑工程图的图线线型有实线、虚线、单点长画线、双点长画线、折　　　　图线断线、波浪线 6 种，见表 1-12。其中前两种线型按宽度又分为粗、中粗、中、细 4 种；单点长画线、双点长画线按宽度又分为粗、中、细 3 种；后两种线型一般为细线。

表 1-12 图线

名称		线型	线宽	用途
实线	粗		b	主要可见轮廓线
	中粗		$0.7b$	可见轮廓线、变更云线
	中		$0.5b$	可见轮廓线、尺寸线
	细		$0.25b$	图例填充线、家具线
虚线	粗		b	见各有关专业制图标准
	中粗		$0.7b$	不可见轮廓线
	中		$0.5b$	不可见轮廓线、图例线
	细		$0.25b$	图例填充线、家具线
单点长画线	粗		b	见有关专业制图标准
	中		$0.5b$	见有关专业制图标准
	细		$0.25b$	中心线、对称中心线、轴线等
双点长画线	粗		b	见有关专业制图标准
	中		$0.5b$	见有关专业制图标准
	细		$0.25b$	假想轮廓线、成型前原始轮廓线
折断线	细		$0.25b$	断开界线
波浪线	细		$0.25b$	断开界线

2. 线宽

当粗线的宽度 b 确定后，再按表 1-13 确定适当的线宽组，一般情况下，大图选大值，小图选小值。画图时，在同一张图纸内，采用比例一致的各个图样应采用相同的线宽组。

表 1-13 线宽组 （单位：mm）

线宽比	线宽组			
b	1.4	1.0	0.7	0.5
$0.7b$	1.0	0.7	0.5	0.35
$0.5b$	0.7	0.5	0.35	0.25
$0.25b$	0.35	0.25	0.18	0.13

3. 绘图时应注意的问题

1）相互平行的图线，其净间隙或线中间隙不宜小于 0.2mm，如图 1-56a 所示。

2）虚线、单点长画线或双点长画线的线段长度和间隔，宜各自相等，如图 1-56b 所示。

3）单点长画线或双点长画线，当在较小图形中绘制有困难时，可用实线代替，如图 1-56c 所示。

4）单点长画线或双点长画线的两端，不应是点；点画线与点画线交接或点画线与其他图线交接时，应是线段交接，如图 1-56d 所示。

5）虚线与虚线交接或虚线与其他图线交接时，应是线段交接。虚线为实线的延长线

30

时，不得与实线连接，如图 1-56e 所示。

6）图线不得与文字、数字或符号重叠、混淆。不可避免时，应首先保证文字等的清晰。

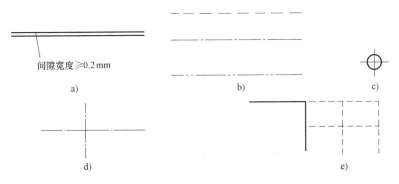

图 1-56　绘图时应注意的问题

四、尺寸标注

1. 尺寸标注的组成

图样中的图形不论按何种比例绘制，尺寸仍需按物体的实际尺寸数字注写。尺寸数字是图样的重要组成部分，必须按规定注写清楚，力求完整、合理、清晰。

尺寸标注由尺寸界线、尺寸线、尺寸起止符号和尺寸数字 4 个要素组成，如图 1-57 所示。

（1）尺寸界线

尺寸界线应用细实线绘制，应与被注长度垂直，其一端应离开图样轮廓线不小于 2mm，另一端宜超出尺寸线 2~3mm。图样轮廓线可用作尺寸界线，如图 1-58 所示。

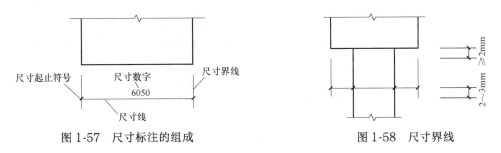

图 1-57　尺寸标注的组成　　　　　　图 1-58　尺寸界线

（2）尺寸线

尺寸线应用细实线绘制，应与被注长度平行，两端宜以尺寸界线为边界，也可超出尺寸界线 2~3mm。图样本身的任何图线均不得用作尺寸线。

（3）尺寸起止符号

尺寸起止符号用中粗斜短线绘制，其倾斜方向应与尺寸界线呈顺时针 45°，长度宜为 2~3mm。轴测图中用小圆点表示尺寸起止符号，小圆点直径为 1mm，如图 1-59a 所示。半径、直径、角度与弧长的尺寸起止符号，宜用箭头表示，箭头宽度 b 不宜小于 1mm，如图

1-59b 所示。

（4）尺寸数字

图样上的尺寸，应以尺寸数字为准，不得从图上直接量取。图样上的尺寸单位，除标高及总平面图以米（m）为单位外，其余均以毫米（mm）为单位，图中尺寸后面可以不写单位。

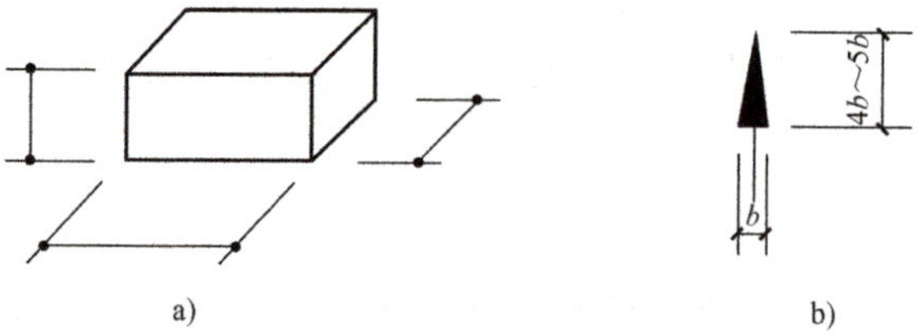

尺寸数字的方向，应按图 1-60a 的规定注写。若尺寸数字在 30°斜线区内，也可按图 1-60b 的形式注写。

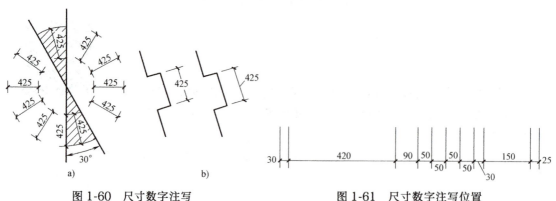

图 1-59 尺寸起止符号

a）轴测图尺寸起止符号 b）箭头尺寸起止符号

尺寸数字应依据其方向注写在靠近尺寸线的上方中部。如没有足够的注写位置，最外边的尺寸数字可注写在尺寸界线的外侧，中间相邻的尺寸数字可上下错开注写，可用引出线表示标注尺寸的位置，如图 1-61 所示。

图 1-60 尺寸数字注写

a）数字方向 b）尺寸数字在 30°斜线区内

图 1-61 尺寸数字注写位置

2. 尺寸的排列和布置

（1）尺寸标注位置

尺寸应标注在图样轮廓线以外，不宜与图线、文字及符号等相交，如图 1-62 所示。

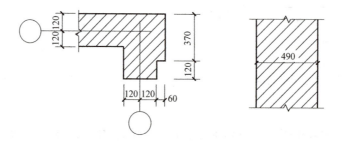

图 1-62 尺寸标注

（2）平行尺寸

互相平行的尺寸线，应从被注写的图样轮廓线由近向远整齐排列，较小尺寸应离轮廓线较近，较大尺寸应离轮廓线较远，如图 1-63 所示。

（3）轮廓线以外尺寸

图样轮廓线以外的尺寸界线，距图样最外侧轮廓线之间的距离不宜小于 10mm，并应保持一致。平行排列的尺寸线的间距，宜为 7~10mm。

（4）总尺寸的标注

总尺寸的尺寸界线应靠近所指部位，中间的分尺寸的尺寸界线可稍短，但其长度应相等。

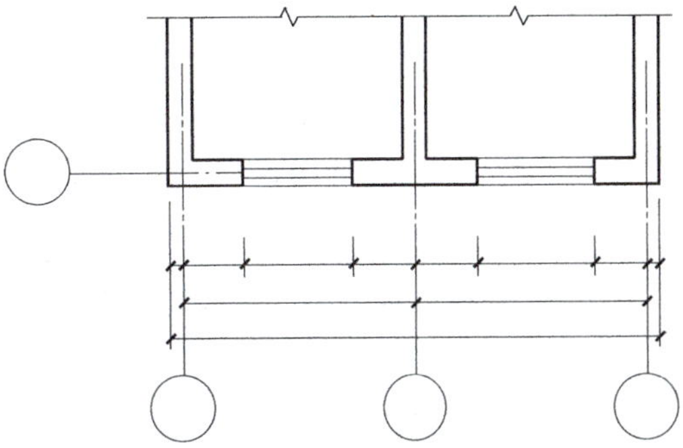

图 1-63　尺寸的排列

3. 半径、直径的尺寸标注

（1）半径尺寸

半圆及小于半圆的圆弧要标注半径，半径的尺寸线应一端从圆心开始，另一端画箭头指向圆弧。半径数字前应加注半径符号 "R"，较小圆弧的半径可按图 1-64 的形式标注；较大圆弧的半径可按图 1-65 的形式标注。

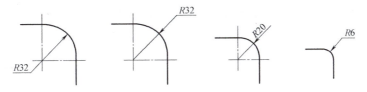

图 1-64　较小圆弧半径的标注方法

（2）直径尺寸

圆及大于半圆的圆弧，应标注直径尺寸。标注圆的直径尺寸时，在直径数字前应加注符号 "ϕ"。在圆内标注的直径尺寸线应通过圆心，两端箭头指向圆弧，如图 1-66a 所示。较小圆的直径尺寸可标注在圆外，如图 1-66b 所示。

图 1-65　较大圆弧半径的标注方法

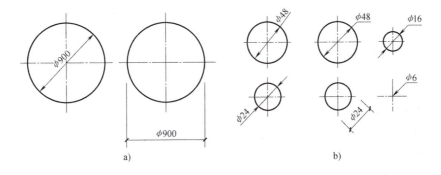

图 1-66　直径的标注方法

a）较大圆的直径标注方法　b）较小圆的直径标注方法

33

4. 坡度、角度的尺寸标注

（1）坡度尺寸

标注坡度时，在坡度数字下应加注坡度符号"←"或"↙"。箭头应指向下坡方向，如图 1-67a 所示。坡度也可用直角三角形的形式标注，如图 1-67b 所示。

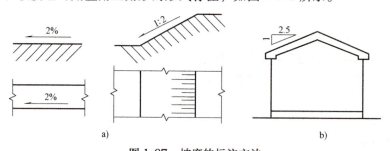

a)

b)

图 1-67 坡度的标注方法

a）坡度标注 b）坡度直角三角形标注

（2）角度尺寸

角度的尺寸线应以圆弧表示，该圆弧的圆心应是该角的顶点，角的两条边为尺寸界线。角度的起止符号应以箭头表示，如没有足够位置画箭头，可以用圆点代替，角度数字应按水平方向标注，如图 1-68 所示。

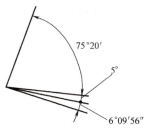

图 1-68 角度标注方法

5. 弧长、弦长的尺寸标注

（1）弧长尺寸

标注圆弧的弧长时，尺寸线应以与该圆弧同心的圆弧线表示，尺寸界线应指向圆心，起止符号用箭头表示，弧长数字上方或前方应加注圆弧符号"⌒"，如图 1-69 所示。

（2）弦长尺寸

标注圆弧的弦长时，尺寸线应平行于该弦的直线，尺寸界线垂直于该弦，起止符号用中粗斜短线表示，如图 1-70 所示。

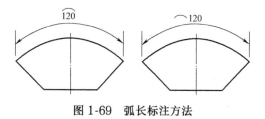

图 1-69 弧长标注方法

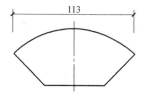

图 1-70 弦长标注方法

6. 尺寸的简化标注

（1）单线图尺寸

杆件或管线的长度，在单线图（如桁架简图、钢筋简图、管线图）上可直接将杆件或管线长度的尺寸数字沿杆件或管线的一侧注写，如图 1-71 所示。

（2）连续排列等长尺寸

连续排列等长尺寸可以用"等长尺寸×数量＝总长"或"总长（等分数量）"的形式标注，如图 1-72 所示。

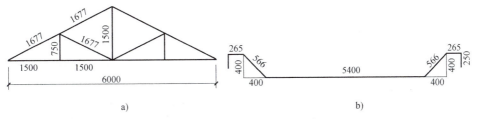

图 1-71 单线图尺寸标注方法

a）桁架单线图尺寸标注 b）钢筋单线图尺寸标注

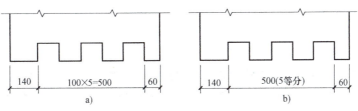

图 1-72 连续排列等长尺寸简化标注方法

a）形式一 b）形式二

（3）相似构件尺寸

两个构件如个别尺寸数字不同，可在同一图样中将其中一个构件的不同尺寸数字注写在括号内，该构件的名称也应注写在相应的括号内，如图 1-73 所示。数个构件如仅某些尺寸不同，这些有变化的尺寸数字，可用拉丁字母注写在同一图样中，另列表格写明其具体尺寸，如图 1-74 所示。

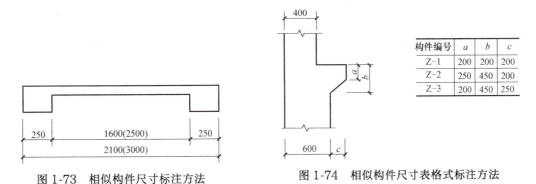

构件编号	a	b	c
Z-1	200	200	200
Z-2	250	450	200
Z-3	200	450	250

图 1-73 相似构件尺寸标注方法

图 1-74 相似构件尺寸表格式标注方法

（4）相同要素尺寸

构件内的构造要素（如孔、槽等）如相同，可仅标注其中一个要素的尺寸，如图 1-75 所示。

（5）对称构件尺寸

对称构件采用对称省略画法时，该对称构件尺寸线略超过对称符号，只在另一端画尺寸起止符号，标注整体全尺寸，其注写位置宜与对称符号对齐，如图 1-76 所示。

对称符号由对称中心线（细单点长画线）和两端的两对平行线（中实线，长度宜为 6~10mm，每对平行线的间距宜为 2~3mm）组成。对称中心线垂直平分两对平行线，两端超出平行线长度宜为 2~3mm。

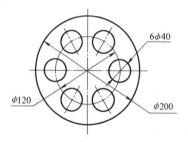

图 1-75 相同要素尺寸标注方法

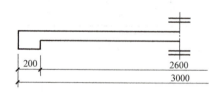

图 1-76 对称构件尺寸标注方法

五、制图工具

1. 图板

图板是绘图时用来铺放图纸的矩形案板（图 1-77），图板一般有 0 号（900mm×1200mm）、1 号（600mm×900mm）和 2 号（400mm×600mm）3 种规格，做制图作业时可选用 1 号图板。

2. 丁字尺

丁字尺由尺头和尺身构成，尺头和尺身相互垂直，尺身沿长度方向带有刻度（或带有斜面）的侧边为丁字尺的工作边，如图 1-77 所示。使用时，左手握尺头，使尺头的内侧紧靠图板的左侧边，右手执笔，沿丁字尺的工作边自左至右画线，如图 1-78 所示。

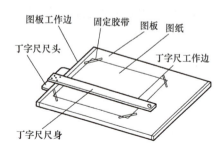

图 1-77 丁字尺与图板

图 1-78 丁字尺的使用

3. 三角板

绘图时要准备一副三角板（一块为 45°等腰直角三角板，另一块为 30°、60°细长三角板），如图 1-79 所示。

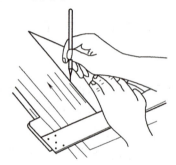

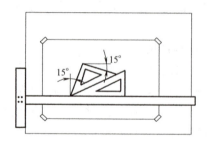

图 1-79 三角板与丁字尺的配合使用

4. 比例尺

比例尺是用来按一定比例量取长度的专用量尺，如图 1-80 所示。比例尺的使用方法是：首先，在尺上找到所需的比例；然后，看清尺上每单位长度所表示的相应长度，就可以根据所需要的长度在比例尺上找出相应的长度作图。

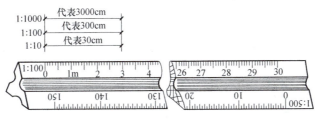

图 1-80 比例尺

5. 曲线板

曲线板是用于画非圆曲线的工具，如图 1-81 所示。用曲线板画曲线的方法是：在曲线板上选取相匹配的曲线段，从曲线起点开始，至少要通过曲线上的 3~4 个点，并沿曲线板描绘这一段密合的曲线；用同样的方法选取第二段曲线，两段曲线相接处应有一段曲线重和。如此分段描绘，直到最后一段。

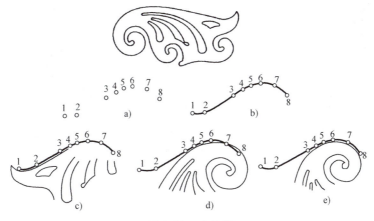

图 1-81 曲线板

6. 绘图铅笔

绘图用铅笔的铅芯有不同的硬度，分别用"H"和"B"表示，"H"前的数字越大，表示铅芯越硬；"B"前的数字越大，表示铅芯越软。绘图铅笔的常用型号为 HB、2H、2B，其中 2B 画粗线用，HB 画虚线或写字用，2H 则用来画细线。用来画粗线的铅笔笔尖要磨成矩形，其他铅笔的笔尖则磨成圆锥形，如图 1-82 所示。

7. 分规

分规是用来量取尺寸和等分线段的工具，如图 1-83 所示。

8. 圆规

圆规是画圆、圆弧的主要工具，如图 1-84 所示。在一般情况下画圆或圆弧时，应使圆规按顺时针方向转动，并稍向画线方向倾斜；在画较大的圆或圆弧时，应使圆规的两条腿都垂直于纸面。

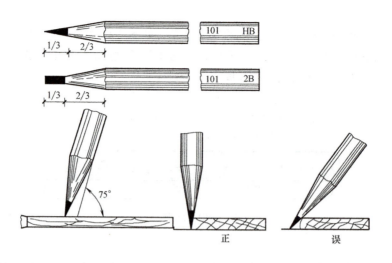

图 1-82　铅笔

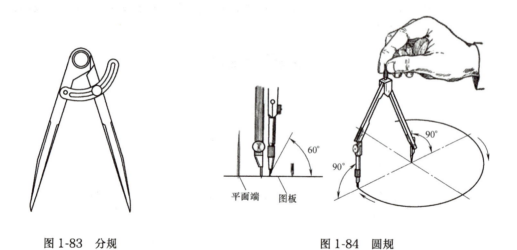

图 1-83　分规　　　　　　　　　　　　　　图 1-84　圆规

9. 墨线笔和绘图墨水笔

墨线笔也称为鸭嘴笔、直线笔，是上墨、描图的工具，如图 1-85 所示。使用墨线笔时正确的笔位是墨线笔与尺边垂直，两叶片同时垂直纸面，且向前进方向稍倾斜。

绘图墨水笔也称为自来水直线笔，是目前广泛使用的一种描图工具，如图 1-86 所示。它的针管有粗细不同的规格，可画出不同线宽的墨线。但使用时应注意：绘图墨水笔必须使用碳素墨水或专用绘图墨水，以保证使用时墨水流畅；用完后要用清水及时把针管冲洗干净，以防堵塞。

10. 绘图机与自动绘图仪

绘图机上装有一对保持相互垂直的直尺（图 1-87），尺上除了具有能平移和转动的装置外，尺面上还刻有多种比例。自动绘图仪是计算机绘图系统中的一项输出设备，如图 1-88 所示。

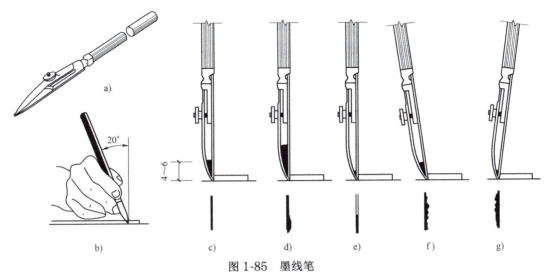

图 1-85　墨线笔

a）墨线笔　b）用法　c）正确　d）墨太多　e）墨太少　f）笔外斜　g）笔内斜

图 1-86　绘图墨水笔

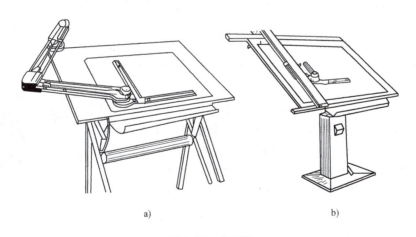

图 1-87　绘图机

a）钢带式　b）导轨式

11. 擦图片和橡皮

擦图片用于修改图样，擦图片上有多种形状的孔，其形状如图 1-89 所示。使用时，将擦图片盖在图面上，使画错的线在擦图片上适当的模孔内露出来，然后用橡皮擦拭，这样可以防止擦去近旁画好的图线，有助于提高绘图速度。

图 1-88　自动绘图仪

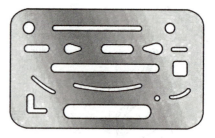

图 1-89　擦图片

橡皮有软硬之分，修整铅笔线多用软质橡皮，修整墨线多用硬质橡皮。

1.1.5　建筑施工图

学习目标：了解建筑工程设计的内容；熟识施工图中常用的符号；掌握建筑施工图的形成、图示内容、线型要求。

一、概述

1. 建筑工程设计的内容

房屋建造需两个阶段：设计、施工。房屋建筑图（施工图）的设计也需两个阶段：初步设计——提出方案，说明该建筑的平面布置、立面处理、结构选型等；施工图设计——修改和完善初步设计，以符合施工的需要。对一些复杂工程，还应增加技术设计（或扩大初步设计）阶段，其作用是协调各工种的矛盾和为绘制施工图作准备。

（1）初步设计阶段

设计人员接受任务后，首先根据业主要求和有关政策性文件、地质条件等进行初步设计，画出比较简单的初步设计图，简称方案图纸。它包括简略的平面图、立面图、剖面图等图样以及文字说明及工程预算。有时，还要向业主提供建筑效果图、建筑模型及动画效果图，以便征求业主意见，并报规划、消防、卫生、交通、人防等部门批准。

认识建筑施工图　　认识结构施工图和设备施工图

（2）施工图设计阶段

此阶段的主要工作是在已经批准的方案图纸的基础上，综合考虑建筑、结构、设备等工种之间的相互配合、协调和调整，从施工要求的角度对设计方案予以具体化，为施工企业提供完整的、正确的施工图和必要的有关计算的技术资料。

2. 施工图的分类

房屋施工图是指将一幢拟建房屋的内外形状和大小以及各部分的结构、构造、装修、设备等内容，按照制图标准的规定，用正投影方法画出的完整图样。它是用以指导施工的一套图纸。房屋施工图由于专业分工不同，一般分为：建筑施工图，简称"建施"；结构施工图，简称"结施"；给水排水施工图，简称"水施"；采暖通风施工图，简称"暖施"；电气施工图，简称"电施"。有时，也把"水施""暖施""电施"统称为设备施工图，简称"设施"。本部分内容主要介绍建筑施工图（建施）。

3. 建筑施工图的内容

建筑施工图主要表明建筑的内部布置、外部造型、细部构造、建造规模等，是建筑施工放线、砌筑、安装门窗、室内外装修和编制施工概算及施工组织设计的主要依据。一般建筑施工图的内容包括图纸目录、建筑设计说明、总平面图、各层平面图、立面图、剖面图及详图等。建筑施工图设计文件的深度，应满足设备材料采购、非标准设备制作和施工的需要。

4. 施工图中常用的符号

（1）定位轴线

1）基本规定。定位轴线用来确定主要承重结构和构件（承重墙、梁、柱、屋架、基础等）的位置，以便施工时定位放线和查阅图纸。定位轴线采用细单点长画线绘制，轴线编号采用细实线绘制，直径为 8～10mm。定位轴线圆的圆心应在定位轴线的延长线上或延长线的折线上。

轴线的横向编号应用阿拉伯数字，按从左至右的顺序编写；竖向编号应用大写英文字母，按从下至上的顺序编写。英文字母作为轴线编号时，应全部采用大写字母，不应用同一个字母的大小写来区分轴线号。英文字母的 I、O、Z 不得用作轴线编号。当字母数量不够使用时，可增用双字母或单字母加数字注脚。

2）定位轴线编号的原则如下：

① 平面图上定位轴线的编号，宜标注在图样的下方及左侧，或在图样的四面标注，如图 1-90 所示。

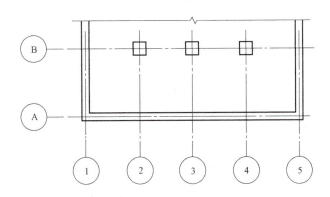

图 1-90　定位轴线编号顺序

② 在组合较复杂的平面图中，定位轴线可采用分区编号，如图 1-91 所示。编号的注写形式应为"分区号—该分区定位轴线编号"，分区号宜采用阿拉伯数字或大写英文字母表示；多子项的平面图中，定位轴线可采用子项编号，编号的注写形式为"子项号—该子项定位轴线编号"，子项号采用阿拉伯数字或大写英文字母表示，如"1-1""1-A"或"A-1""A-2"。当采用分区编号或子项编号，同一根轴线有不止 1 个编号时，相应编号应同时注明。

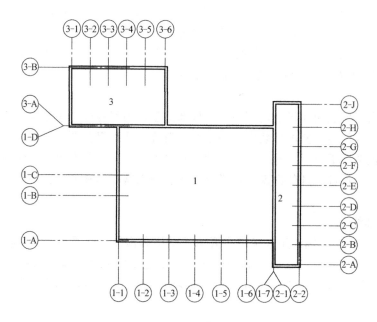

图 1-91 定位轴线的分区编号

③ 通用详图中的定位轴线应只画圆，不注写轴线编号。当一个详图适用于几根轴线时，应同时注明各有关轴线的编号，如图 1-92 所示。

用于2根轴线时   用于3根或3根   用于3根以上连续
                      以上轴线时   编号的轴线时

图 1-92 详图的定位轴线

（2）附加定位轴线

对次要承重构件的定位可以用附加定位轴线进行定位。附加定位轴线的编号应以分数形式表示，其中分母表示前一轴线的编号，分子表示附加定位轴线的编号，编号宜用阿拉伯数字按顺序编写。如 $\frac{1}{2}$ 表示 2 号轴线之后附加的第一根轴线；$\frac{3}{C}$ 表示 C 号轴线之后附加的第三根轴线。

1 号轴线或 A 号轴线之前的附加定位轴线的分母应以 01 或 0A 表示。如 $\frac{1}{01}$ 表示 1 号轴线之前附加的第一根轴线；$\frac{3}{0A}$ 表示 A 号轴线之前附加的第三根轴线。

（3）剖切符号

建筑施工图中的剖切符号可采用常用方法表示，如图 1-93 所示，具体要求见 1.1.3 节；但宜优先选择国际通用方法来表示，如图 1-94 所示。

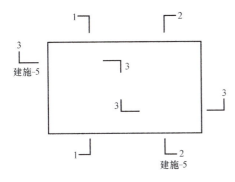

图1-93 剖切符号的常用表示方法

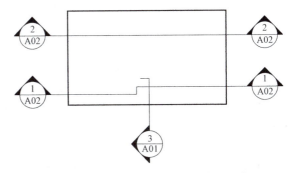

图1-94 剖切符号的国际通用表示方法

采用国际通用表示方法时，剖面及断面的剖切符号应符合下列规定：

1）剖面剖切索引符号应由直径为8~10mm的圆和水平直径以及两条相互垂直且外切圆的线段组成；水平直径上方应为索引编号，下方应为图纸编号；线段与圆之间应填充黑色并形成箭头表示剖视方向，索引符号应位于剖线两端。

2）剖切线与符号线应为细实线，需要转折的剖切位置线应连续绘制。

3）剖切符号的编号宜由左至右、由下向上连续编排。

（4）索引符号和详图符号

索引符号、详图符号

1）索引符号。图样中的某一局部或构件如需另见详图，应以索引符号索引，如图1-95所示。引出线指在要画详图的地方，引出线的另一端为直径10mm的细实线圆，引出线应对准圆心。在圆内过圆心画一水平细实线（水平直径），将圆分为两个半圆，上半圆用阿拉伯数字表示详图的编号；下半圆用阿拉伯数字表示详图所在图纸的图纸号。若详图与被索引的图样在同一张图纸上，下半圆中间画一水平细实线；若详图为标准图集上的详图，应在索引符号水平直径的延长线上加注标准图集的编号，如图1-96所示。

图1-95 索引符号

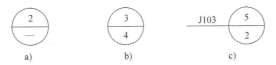

图1-96 索引符号的表示方式

a）详图与被索引的图样在同一张图纸上 b）详图与被索引的图样不在同一张图纸上 c）详图在标准图集上

当索引符号用于索引剖视详图时，应在被剖切的部位绘制剖切位置线，引出线所在一侧应为投射方向，如图1-97所示。

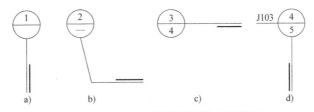

图1-97 用于索引剖视详图的索引符号

a）剖视方向向左 b）剖视方向向下 c）剖视方向向上 d）剖视方向向右

2）详图符号。详图的位置和编号应以详图符号表示，详图符号的圆直径应为 14mm，用粗实线绘制。当详图与被索引的图样不在同一张图纸上时，过圆心画一水平细实线，上半圆用阿拉伯数字表示详图的编号，下半圆用阿拉伯数字表示被索引图纸的图纸号。当详图与被索引的图样在同一张图纸上时，圆内不画水平细实线，圆内用阿拉伯数字表示详图的编号，如图 1-98 所示。

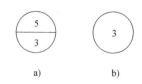

图 1-98　详图符号
a）详图与被索引的图样不在同一张图纸上
b）详图与被索引的图样在同一张图纸上

（5）引出线

引出线应以细实线绘制，宜采用水平方向的直线，或与水平方向呈 30°、45°、60°、90°的直线，并经上述角度再折为水平线。文字说明宜注写在水平线的上方（图 1-99a），也可注写在水平线的端部（图 1-99b）。索引详图的引出线应与水平直径线相连接（图 1-99c）。同时引出的几个相同部分的引出线，宜互相平行（图 1-100a），也可画成集中于一点的放射线（图 1-100b）。

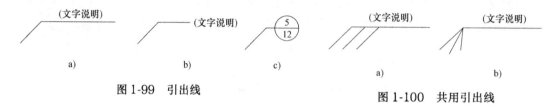

图 1-99　引出线　　　　　　　　　　　图 1-100　共用引出线

多层构造或多层管道共用引出线应通过被引出的各层，并用圆点示意对应各层次。文字说明宜注写在水平线的上方，或注写在水平线的端部，说明的顺序应由上至下，并应与被说明的层次对应一致。如层次为横向排序，则由上至下的说明顺序应与由左至右的层次对应一致，如图 1-101 所示。

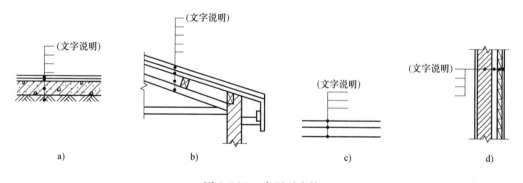

图 1-101　多层引出线

（6）标高符号

标高表示建筑物某一部位相对于基准面（标高的零点）的竖向高度，是竖向定位的依据。标高按基准面选取的不同分为绝对标高和相对标高，我国以青岛黄海海平面的平均高度为零点所测定的标高为绝对标高。在施工图中，各部位的高度都用标高来表示，如果都使用绝对标高，数字表示会很烦琐，且不易直接得出各部分的高程。因此，除总平面图外，施工图中所标注的标高均为相对标高，即以建筑物底层室内地面为零点所测定的标高。在建筑设计总说明中要说明相对标高与绝对标高的关系。

标高符号应以等腰直角三角形表示，并应按图 1-102a 所示形式用细实线绘制，如标注位置不够，也可按图 1-102b 所示形式绘制。标高符号的具体画法可按图 1-102c、d 所示绘制。总平面图室外地坪标高符号宜用涂黑的三角形表示，具体画法如图 1-103 所示。

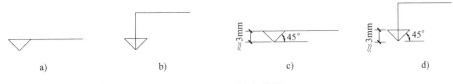

a)   b)   c)   d)

图 1-102 标高符号

标高符号的尖端应指至被注高度的位置。尖端宜向下，也可向上。标高数字应注写在标高符号的上侧或下侧，如图 1-104 所示。在图样的同一位置需表示几个不同标高时，标高数字可按图 1-105 的形式注写。标高数字应以米为单位，保留三位有效数字；在总平面图中，保留两位有效数字。

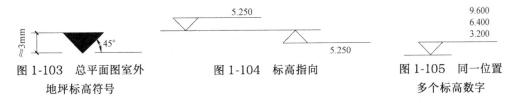

图 1-103 总平面图室外
地坪标高符号

图 1-104 标高指向

图 1-105 同一位置
多个标高数字

（7）指北针和风玫瑰

1）指北针指示建筑物的朝向，指北针的形状如图 1-106 所示，其圆的直径宜为 24mm，用细实线绘制。指针尾部的宽度宜为 3mm，指针头部应注"北"或"N"字样。需用较大直径绘制指北针时，指针尾部的宽度宜为直径的 1/8。

2）风玫瑰图也叫风向频率玫瑰图，如图 1-107 所示。它是根据某一地区多年平均统计的各个方向风频率的百分数值，并按一定比例绘制，一般多用八个或十六个罗盘方位表示。风玫瑰图上所表示风的吹向（即风的来向）是指从外面吹向地区中心的方向。

风玫瑰图折线上的点离圆心的远近，表示从此点向圆心方向刮风的频率的大小。粗实线表示常年风，细实线代表冬季风，虚线表示夏季风。

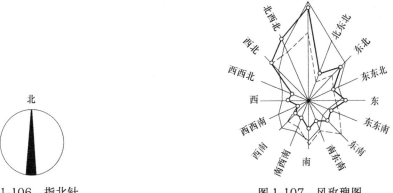

图 1-106 指北针

图 1-107 风玫瑰图

二、总平面图

1. 总平面图的形成

总平面图是用于描绘新建房屋用地范围、形状及位置、周围环境状况（如既有建筑、道路、地形等），用水平投影方法并配合使用一些图例代号所画出的图样，如图 1-108 所示。

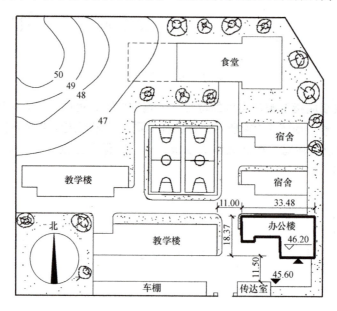

图 1-108　某工程建筑总平面图

2. 总平面图的用途

总平面图主要反映新建房屋的位置、平面形状、朝向、标高，以及道路等的占地面积及周边环境，是新建房屋施工定位的依据。

3. 总平面图的图示内容

总平面图的图示内容包括：新建房屋的形状、名称、层数、室内外标高；新建房屋相对于既有建筑物或道路的定位尺寸（或用转角坐标表示）；既有建（构）筑物、拆除建筑物的形状、名称、层数；新建筑物附近的地形（用等高线表示）和地物，如道路、铁路、绿化、水沟、河流、池塘、土坡等；道路宽度、转弯半径尺寸、道路、明沟的起点、变坡点、转折点、终点以及标高、坡向、距离；道路边线或中心线；风玫瑰图或指北针；管线布置；主要技术、经济指标；补充图例、设计说明等。

4. 总平面图中常用图例

总平面图中常用图例见表 1-14。

5. 线型

1）粗实线代表新建建筑物。

2）细实线表示既有建筑物。

3）中虚线表示计划预留地。

4）细实线加叉号表示拆除的建筑。

表 1-14　总平面图中常用图例

序号	名称	图例	备注
1	新建建筑物	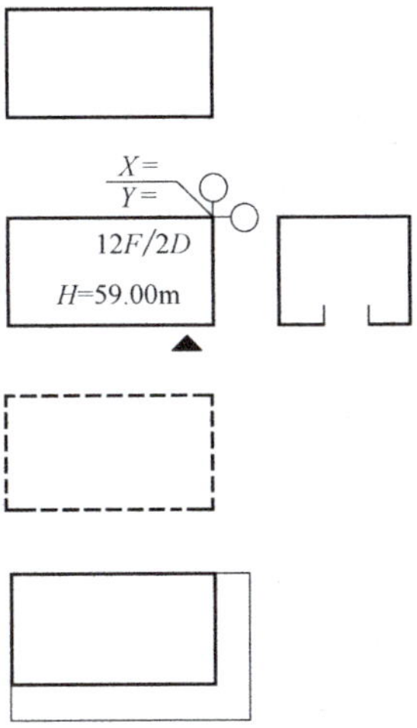 $X=$ $Y=$ 12F/2D H=59.00m	新建建筑物以粗实线表示与室外地坪相接处±0.00外墙定位轮廓线 建筑物一般以±0.00高度处的外墙定位轴线交叉点坐标定位。轴线用细实线表示，并标明轴线号 根据不同设计阶段标注建筑编号，地上、地下层数，建筑高度，建筑出入口位置（两种表示方法均可，但同一图样采用一种表示方法） 地下建筑物以粗虚线表示其轮廓 建筑上部（±0.00以上）外挑建筑用细实线表示 建筑上部连廊用细虚线表示并标注位置
2	既有建筑物		用细实线表示
3	计划扩建的预留地或建筑物		用中粗虚线表示
4	拆除的建筑物	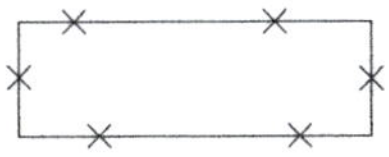	用细实线表示
5	建筑物下面的通道	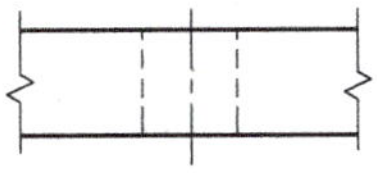	—
6	散状材料露天堆场	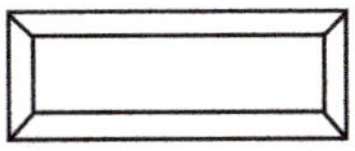	需要时可注明材料名称
7	其他材料露天堆场或露天作业场	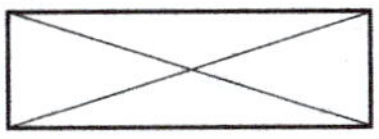	需要时可注明材料名称
8	铺砌场地	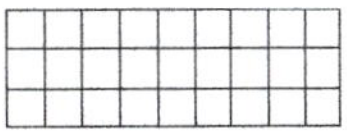	—
9	敞棚或敞廊	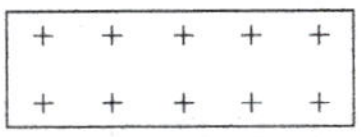	—
10	挡土墙上设围墙		—
11	围墙及大门		—

（续）

序号	名称	图例	备注
12	台阶及无障碍坡道	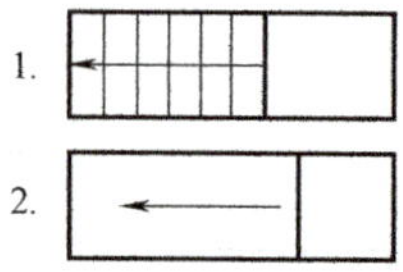 1. 2.	1. 表示台阶（级数仅为示意） 2. 表示无障碍坡道
13	坐标	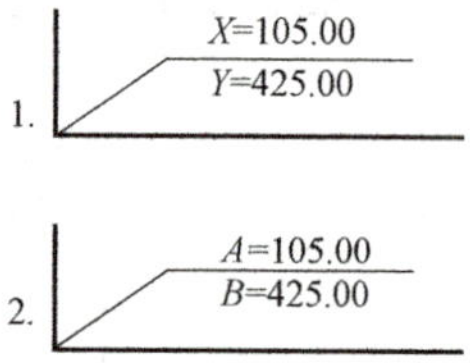 1. $X=105.00$ $Y=425.00$ 2. $A=105.00$ $B=425.00$	1. 表示地形测量坐标系 2. 表示自设坐标系 坐标数字平行于建筑标注
14	填挖边坡	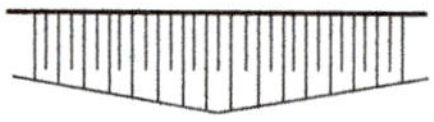	—

三、建筑平面图

1. 建筑平面图的形成

将房屋用一个假想的水平剖切平面沿门窗洞口剖切开，移去剖切平面及其以上部分，将余下的部分按正投影的原理投射在水平投影面上所得到的水平剖面图，称为建筑平面图，简称平面图，如图 1-109 所示。

2. 建筑平面图的用途

建筑平面图主要表示房屋的平面形状、内部布置及朝向。在施工过程中，它是放线、砌筑、安装门窗、室内装修及编制预算的重要依据，是重要的施工图纸。

3. 建筑平面图的数量及内容分工

一般来说，房屋有几层，就应画几个平面图，并应在图的下方注明该层的图名。

沿底层门窗洞口剖切得到的平面图称为底层平面图或一层平面图，它除表示该层的内部形状外，还应绘制室外的台阶（坡道）、花池、散水和雨水管的形状及位置以及剖面的剖切符号，以便与剖面图对照查阅。底层平面图还应加注指北针，其他层平面图可以不加注指北针。

沿二层门窗洞口剖切得到的平面图称为二层平面图。在多层或高层建筑中，往往中间几层剖切开以后的图形是一样的，这时只需要画一个平面图作为代表层，并将这一个作为代表层的平面图称为标准层平面图，同时二层平面图或标准层平面图还需画出本层室外的雨篷、阳台等。

沿最上一层的门窗洞口剖切得到的平面图称为顶层平面图，图示内容与标准层平面图基本相同。

将房屋直接从上向下进行投影得到的平面图称为屋顶平面图，主要用来表达屋顶形式、排水方式以及其他设施。

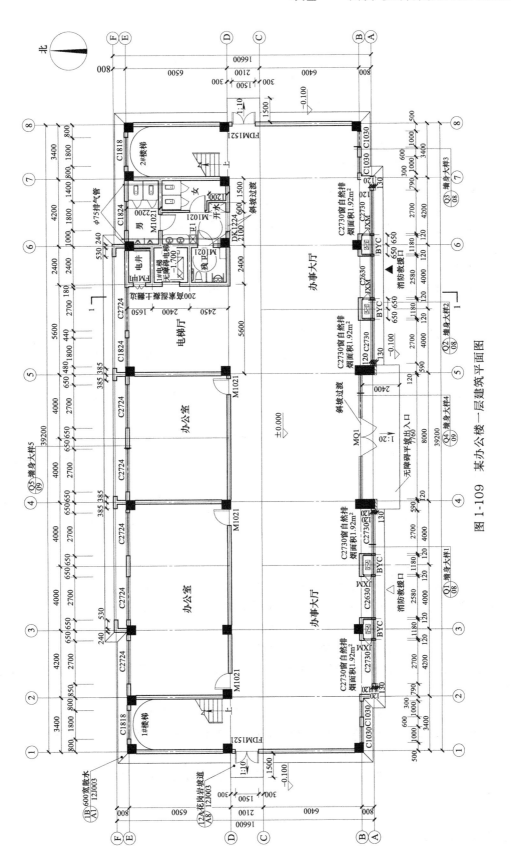

图 1-109 某办公楼一层建筑平面图

4. 建筑平面图的图示内容

1）承重墙、柱及其定位轴线和轴线编号，内外门窗的位置、编号及定位尺寸，门的开启方向，注明房间名称或编号。门窗编号如下所示：

① 门的编号：M1、M2、M3……。

② 窗的编号：C1、C2、C3……。

一般在首页图或平面图的同页图纸上附有门窗表。

2）建筑的外部尺寸（三道）：

① 总尺寸，标注建筑物的最外轮廓尺寸。

② 轴线尺寸，标注定位轴线之间的距离以及房间的开间和进深。

③ 细部尺寸，标注门、窗、柱的宽度以及细部构件的尺寸。

细部尺寸距离图样最外轮廓线约为 15mm，三道尺寸线之间的距离约为 8mm。

3）建筑的内部尺寸，表示房间内部门窗洞口、各种设施的大小及位置。

4）墙身厚度（包括承重墙和非承重墙），柱与壁柱的宽、深尺寸（必要时）以及它们与轴线关系尺寸。

5）变形缝的位置、尺寸及做法索引。

6）主要建筑设备和固定家具的位置及相关做法索引，如卫生器具、雨水管、水池、台、橱、柜、隔断等。

7）电梯、自动扶梯及步道（注明规格）、楼梯（爬梯）的位置以及楼梯上下方向示意和编号索引。

8）主要结构和建筑构造部件的位置、尺寸和做法索引，如中庭、天窗、地沟、地坑、重要设备或设备机座的位置、尺寸，各种平台、夹层、人孔、阳台、雨篷、台阶、坡道、散水、明沟等的位置、尺寸。

9）楼地面预留孔洞和通气管道、管线竖井、烟囱、垃圾道等的位置、尺寸和做法索引以及墙体（主要为填充墙、承重砌体墙）预留洞的位置、尺寸、标高或高度等。

10）车库的停车位和通行路线。

11）特殊工艺要求的土建配合尺寸。

12）室外地面标高、底层地面标高、各楼层标高、地下室各层标高。

13）剖切线位置及编号（一般只注在底层平面或需要剖切的平面位置）。

14）有关平面节点详图或详图索引符号。

15）指北针（与底层平面图画在同一图纸内）。

16）每层建筑平面中防火分区面积和防火分区分隔的位置示意（宜单独成图，如为一个防火分区，可不注防火分区面积）。

17）屋面平面应有女儿墙、檐口、天沟、坡度、坡向、雨水口、屋脊（分水线）、变形缝、楼梯间、水箱间、电梯间、天窗及挡风板、屋面上人孔、检修梯、室外消防楼梯及其他构筑物，以及必要的详图索引符号、标高等。表述内容单一的屋面可缩小比例绘制。

18）根据工程性质及复杂程度，必要时可选择绘制局部放大平面图。

19）图纸名称、比例。

5. 建筑平面图的常用图例

建筑平面图的常用图例见表 1-15。

表 1-15　建筑平面图的常用图例

名称	图例	备注
墙体		1. 上图为外墙,下图为内墙 2. 外墙细线表示有保温层或有幕墙 3. 应加注文字或涂色或图案填充表示各种材料的墙体 4. 在各层平面图中防火墙宜着重以特殊图案填充表示
隔断		1. 加注文字或涂色或图案填充表示各种材料的轻质隔断 2. 适用于到顶与不到顶隔断
玻璃幕墙		幕墙龙骨是否表示由项目设计决定
栏杆		—
楼梯	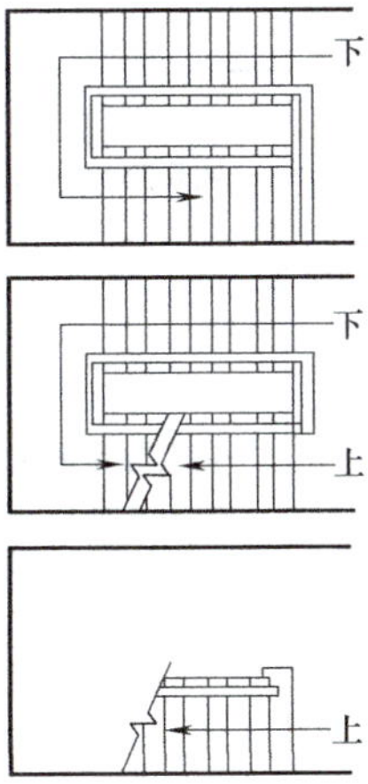	1. 上图为顶层楼梯平面,中图为中间层楼梯平面,下图为底层楼梯平面 2. 需设置靠墙扶手或中间扶手时,应在图中表示
坡道	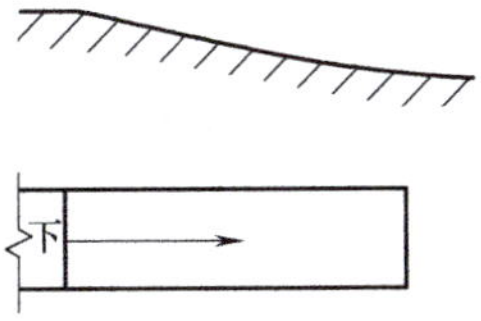	长坡道
坡道	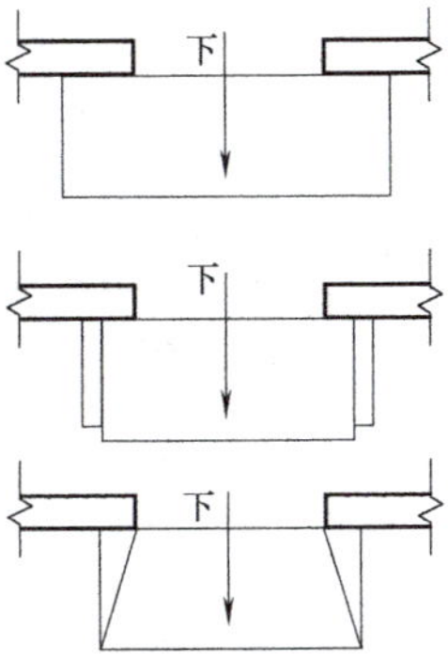	上图为两侧垂直的门口坡道,中图为有挡墙的门口坡道,下图为两侧找坡的门口坡道

（续）

名称	图例	备注
台阶	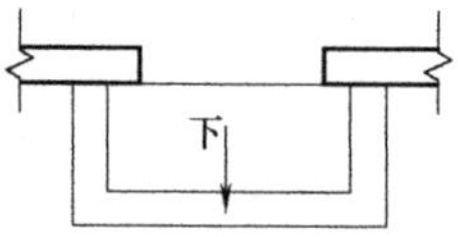	—
平面高差	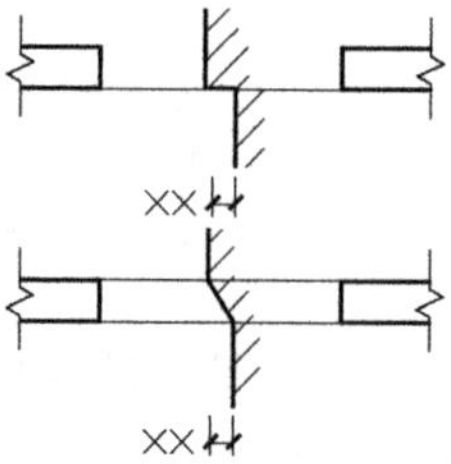	用于高差小的地面或楼面交接处,并应与门的开启方向相协调
检查口		左图为可见检查口,右图为不可见检查口
孔洞		阴影部分亦可填充灰度或涂色代替
在原有墙或楼板上局部填塞的洞	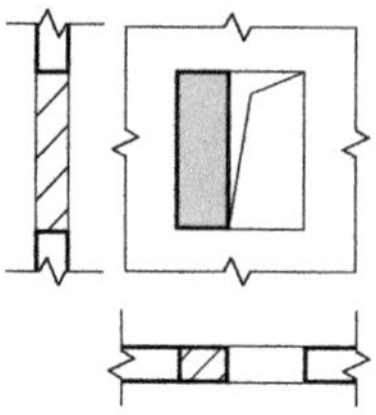	左侧为局部填塞的洞 图中立面填充灰度或涂色
空门洞	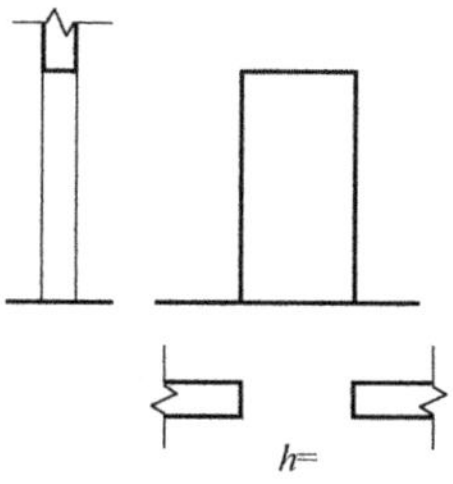	h 为门洞高度
单面开启单扇门(包括平开或单面弹簧)	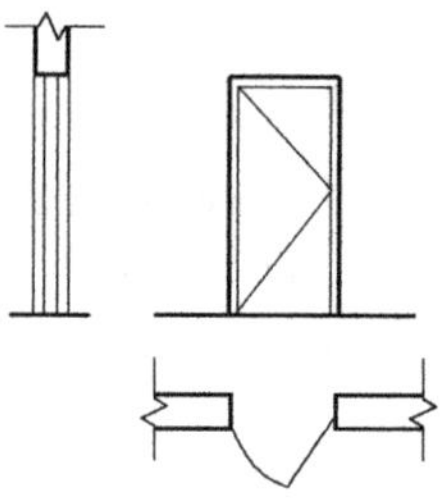	1. 门的名称代号用 M 表示 2. 平面图中下为外、上为内 门开启线为90°、60°或45°,开启弧线宜绘出 3. 立面图中,开启线实线为外开,虚线为内开。开启线交角的一侧为安装合页一侧。开启线在建筑立面图中可不表示,在立面大样图中可根据需要绘出 4. 剖面图中左为外、右为内 5. 附加纱扇应以文字说明,在平面图、立面图、剖面图中均不表示 6. 立面形式应按实际情况绘制

（续）

名称	图例	备注
双面开启单扇门（包括双面平开或双面弹簧）	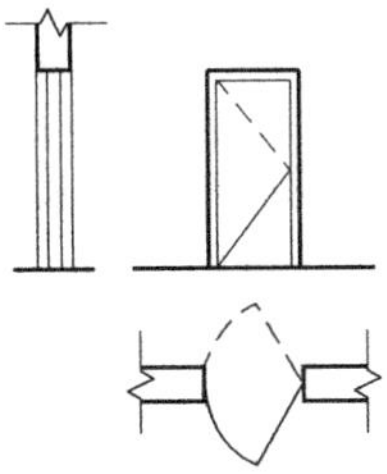	1. 门的名称代号用 M 表示 2. 平面图中下为外、上为内 门开启线为 90°、60°或 45°，开启弧线宜绘出 3. 立面图中，开启线实线为外开，虚线为内开。开启线交角的一侧为安装合页一侧。开启线在建筑立面图中可不表示，在立面大样图中可根据需要绘出 4. 剖面图中左为外、右为内 5. 附加纱扇应以文字说明，在平面图、立面图、剖面图中均不表示 6. 立面形式应按实际情况绘制
双层单扇平开门	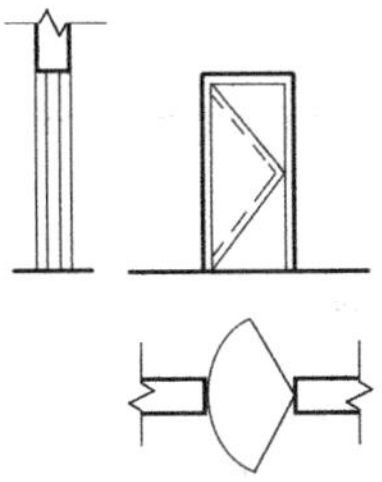	
固定窗	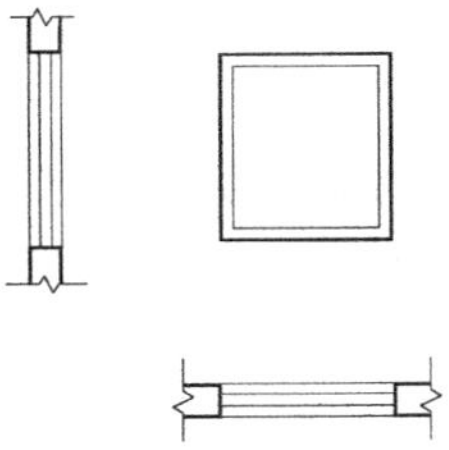	
上悬窗	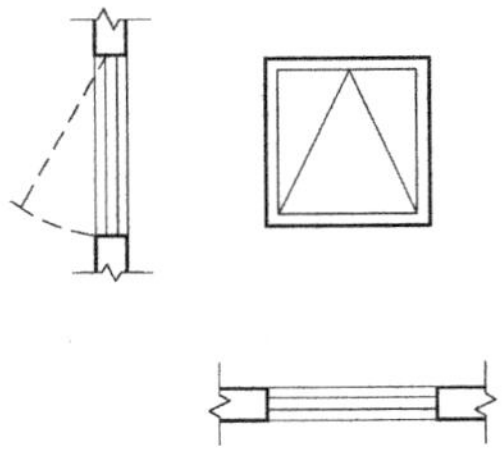	1. 窗的名称代号用 C 表示 2. 平面图中下为外、上为内 3. 立面图中，开启线实线为外开，虚线为内开。开启线交角的一侧为安装合页一侧。开启线在建筑立面图中可不表示，在门窗立面大样图中需绘出 4. 剖面图中左为外、右为内。虚线仅表示开启方向，项目设计不表示 5. 附加纱窗应以文字说明，在平面图、立面图、剖面图中均不表示 6. 立面形式应按实际情况绘制
中悬窗	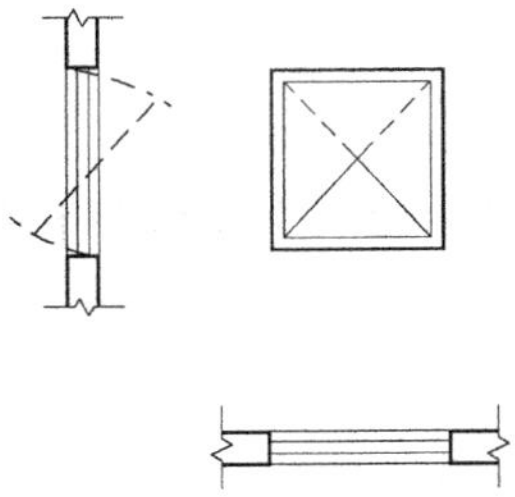	

（续）

名称	图例	备注
下悬窗	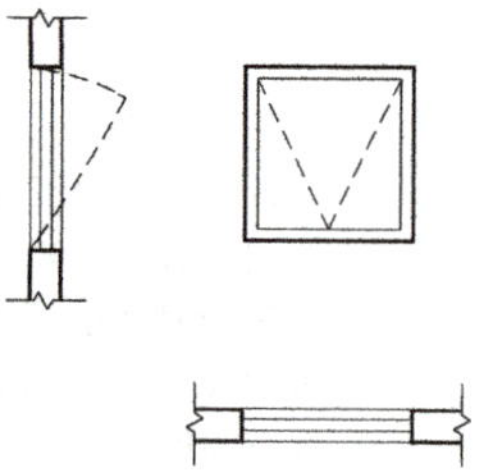	1. 窗的名称代号用 C 表示 2. 平面图中下为外、上为内 3. 立面图中，开启线实线为外开，虚线为内开。开启线交角的一侧为安装合页一侧。开启线在建筑立面图中可不表示，在门窗立面大样图中需绘出 4. 剖面图中左为外、右为内。虚线仅表示开启方向，项目设计不表示 5. 附加纱窗应以文字说明，在平面图、立面图、剖面图中均不表示 6. 立面形式应按实际情况绘制

6. 线型

1）粗实线代表被剖切平面剖到的墙、柱的断面轮廓线。

2）中实线表示门的开启线、尺寸起止符号。

3）细实线表示未剖到的构件轮廓线（如台阶、散水、窗台、各种用具设施等）、尺寸线。

4）单点长画线表示定位轴线。

7. 其他

断面材料的表示：比例大于 1∶50 时，画出材料图例和抹灰层的厚度；比例小于等于 1∶100 时，可以不画抹灰层的厚度。材料图例可采用简化画法（砖墙涂红色或出白图时空白），钢筋混凝土涂黑色。

四、建筑立面图

1. 建筑立面图的形成

建筑立面图是在与建筑立面平行的投影面上所作的正投影图，简称立面图，如图 1-110 所示。

2. 建筑立面图的用途

立面图主要用于表示建筑物的体形和外貌，表示立面各部分构件的形状及相互关系，表示立面装饰要求及构造做法等。

3. 建筑立面图的命名与数量

立面图是建筑师表达立面效果的重要图纸，在施工中是外墙造型、墙面装修、工程概（预）算、备料等的依据，因此对其命名与数量有以下要求：

（1）按立面位置命名

房屋有多个立面，为便于与平面图对照识读，每一个立面图下都应标注立面图的名称：

1）表示建筑物正立面特征的正投影图称为正立面图。

2）表示建筑物背立面特征的正投影图称为背立面图。

3）表示建筑物侧立面特征的正投影图称为侧立面图，侧立面图分为左侧立面图和右侧立面图。

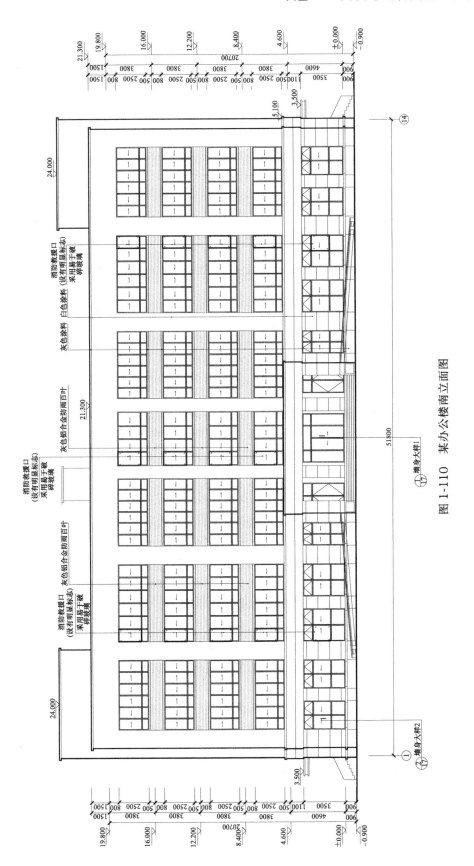

图 1-110 某办公楼南立面图

（2）按轴线的编号或房屋的朝向命名

在建筑施工图中一般有定位轴线，建筑立面图的名称可以直接根据两端定位轴线的编号来命名。对于无定位轴线的建筑，也可按平面图各立面的朝向确定名称，如南立面图，如图1-111所示。

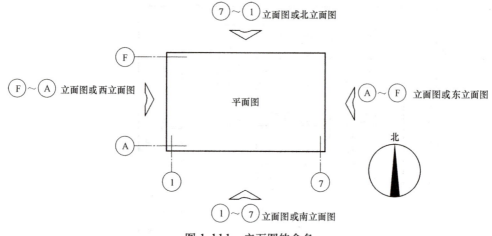

图1-111　立面图的命名

（3）数量

如果两个侧立面造型不同，则房屋的四个立面都要画；若两个侧立面造型相同，则画三个立面图（正立面、背立面、左侧立面）。画立面图时，只将各个立面所看到的内容画出，房屋内部的各构造不画。

4. 建筑立面图的图示内容

1）建筑物的外形，门窗、雨篷、阳台、雨水管等的形式、位置。

2）外墙饰面分格、饰面材料及做法。外墙的预留孔洞还应注出其定形和定位尺寸。

3）各主要部位的标高。立面标高表示各主要部位的相对高度，如室内外地坪标高、各层楼面标高、檐口标高。立面尺寸标注一般是三道尺寸线，其中最里面一道为门窗洞口的高度及楼地面的相对位置；中间一道为层高；最外面一道为建筑物总高度。

4）建筑物两端的轴号，立面局部详图的索引符号。

5）图纸名称、比例。

各个方向的立面应绘齐全，但差异小、左右对称的立面或部分不难推定的立面可简略。内部院落或看不到的局部立面，可在相关剖面图上表示，若剖面图未能表示完全时，则需单独绘出。

5. 线型

为了图面的美观，立面图中对各部分的线型作了相应的规定：

1）特粗实线代表地坪线（室外地坪），线型为粗实线的1.4倍。

2）粗实线表示建筑物的最外轮廓线。

3）中实线。相对外墙面来说，有凹凸的部位都采用中实线，如门、窗最外框线，窗台、遮阳板、檐口、阳台、雨篷、台阶、花池的轮廓线，或外突于墙面的柱子。

4）细实线表示细部分格线，如门、窗的分格线，墙面的分格线，雨水管、标高符号线，其他的引出线等。

5）细单点长画线表示轴线。

五、建筑剖面图

1. 建筑剖面图的形成

假想用一个正立面投影面或侧立面投影面的平行面将房屋剖切开，移去剖切平面与观察者之间的部分，将剩下部分按正投影原理投射到与剖切平面平行的投影面上，得到的图称为剖面图，如图 1-112 所示。

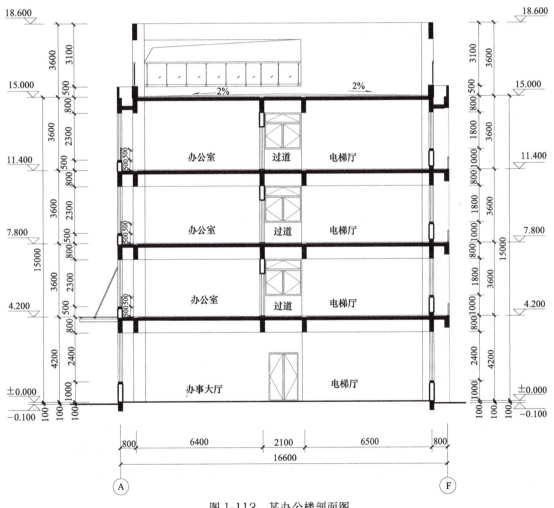

图 1-112　某办公楼剖面图

2. 建筑剖面图的用途

剖面图主要表示房屋的内部结构、分层情况、各层高度、楼面和地面的构造以及各配件在垂直方向上的相互关系等内容。剖面图在施工中可作为分层、砌筑内墙、铺设楼板和屋面板、内装修等工作的依据，是与平面图、立面图相互配合的不可或缺的重要图纸。

3. 建筑剖面图的剖切位置及数量

剖面图的数量根据建筑物的复杂程度来确定，一般规模不大的工程中，剖面图通常只有一个。当规模较大或平面形状较复杂时，则要根据实际需要确定剖面图的数量。剖切时一般为横向剖切，必要时也可纵向剖切，剖切位置应选择通过建筑物内部结构较为复杂的部位，如楼梯间、门窗洞口、夹层等部位。

4. 建筑剖面图的图示内容

1）墙、柱、各层楼地面、楼梯、电梯井、檐口、女儿墙、天窗、烟囱、门窗、阳台、雨篷、预留孔洞、室内地面、散水、排水沟等可见的构件。

2）屋面排水坡、室外散水坡的方向及坡度。

3）三道高度尺寸：

① 最外侧尺寸标注建筑物的总高度。

② 中间一道尺寸标注各楼层高度。

③ 最内一道尺寸标注门窗洞高度。

4）各楼层地面、屋面、楼梯平台、女儿墙等处的标高。

5）详图索引符号。

6）各部位的构造、用料说明。

7）建筑物两端及其他重要墙、柱的轴号。

8）图纸名称、比例。

5. 线型

1）粗实线代表剖到构件的轮廓线。

2）细实线表示未剖到的可见轮廓线、标高符号线。

3）单点长画线表示定位轴线。

4）特粗实线表示室内外地坪线。

5）对于钢筋混凝土材料，剖（断）面涂黑表示；对于砖材，空白表示。

六、建筑详图

由于建筑平面图、立面图、剖面图一般采用较小比例绘制，许多细部构造、尺寸、材料和做法等内容很难表达清楚。为了满足施工需要，常把这些局部构造用较大比例绘制成详细的图样，这种图样称为建筑详图，有时也称为大样图或节点图，如图1-113所示。详图的比例常用1：1、1：2、1：5、1：10、1：20、1：50等。

建筑详图既可以是平面图、立面图、剖面图中某一局部的放大图，也可以是某一局部的放大剖面图。对于某些建筑构造或构件的通用做法，可采用国家或地方制定的标准图集（册）或通用图集（册）中的图样，一般在图中通过索引符号注明，不必另画详图。建筑详图常有以下几种情况：

1）内外墙节点、楼梯、电梯、厨房、卫生间等局部平面的放大图和构造详图。

2）室内外装饰构造、线脚、图案等。

3）特殊的或非标准门、窗、幕墙等应有构造详图，如属另行委托设计、加工的，要绘制立面分格图，并对开启面积和开启方式，与主体结构的连接方式，预埋件，用料的材质、颜色等作出规定。

4）其他凡在平面图、立面图、剖面图或文字说明中无法交代或交代不清的建筑构（配）件和建筑构造。

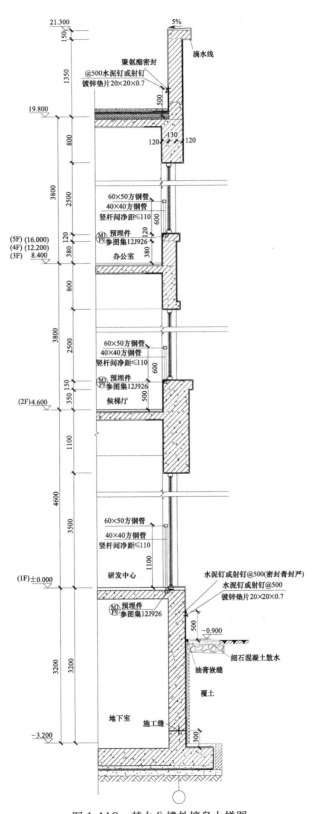

图 1-113 某办公楼外墙身大样图

在剖切详图中形体被剖切后，断面反映出构件所采用的材料，因此在剖切详图中，断面上应画出相应的材料图例。常用建筑材料图例见表1-7。

子项目2 传达室建筑施工图识读

1.2.1 识读传达室一层平面图

学习目标：学会识读传达室一层平面图。

1. 看图名、比例

工程上绘图时常要用到比例，比例是指图形尺寸与实物尺寸之比，如1：100是表示将实物尺寸缩小100倍后绘制。比例应采用阿拉伯数字注写在图名的右侧，其字号应比图名小1号或2号。

传达室一层平面图如图1-114所示，图中的"一层平面图 1：100"表示的就是平面图的图名和比例，图名为一层平面图，比例为1：100。建筑平面图的比例有1：50、1：100、1：200，常用1：100。

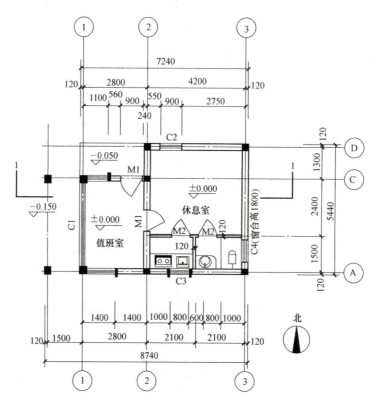

一层平面图 1:100

图 1-114 传达室一层平面图

2. 看定位轴线编号及其间距

定位轴线是确定建筑结构构件平面布置及其标志尺寸的基准线，同时也是施工放线的依据。凡主要的墙和柱、大梁、屋架等承重构件，都应画上轴线并用该轴线编号来确定其位置。

传达室建筑施工图的定位轴线如图 1-115 所示，图 1-114 中的①、②、③符号表示的是横向编号，Ⓐ、Ⓒ、Ⓓ符号表示的是竖向编号。看图 1-114 中的定位轴线可知传达室中的值班室和休息室的开间与进深尺寸，值班室的开间为 2800mm，进深为 3900mm；同时还可以看出墙体、柱子的位置。

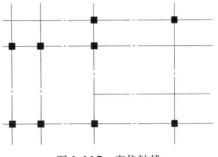

图 1-115　定位轴线

3. 看平面图的各部分尺寸

平面图的各部分尺寸包括房间的开间、进深的大小，门窗的平面位置及墙厚以及柱的断面尺寸等。在建筑平面图中，尺寸标注比较多，一般分为外部尺寸和内部尺寸。

1）外部尺寸一般在图形的四周注写三道尺寸：第一道尺寸表示外轮廓的总尺寸，图 1-114 所示的"7240""8740""5440"就是第一道尺寸；第二道尺寸表示轴线之间的距离，即房间的开间与进深尺寸；第三道尺寸表示各细部的位置和大小，如外墙门窗的宽度。

2）内部尺寸用来标注内部门窗洞口的宽度及位置、墙身厚度、固定设备的大小和位置。

4. 看楼地面标高

图 1-114 中 "$\underset{\pm 0.000}{\nabla}$" 表示的是室内的标高，"$\underset{-0.150}{\nabla}$" 表示的是室外标高，由此可知，传达室的室内外高差为 0.15m。

5. 看门窗的位置及编号

在建筑平面图中，门采用代号 M 表示，窗采用代号 C 表示，如图 1-114 中的 C1、C2、C3、C4、M1、M2 等。

6. 看剖面的剖切符号和索引符号

由于剖面图本身不能反映剖切平面的位置，必须在其他投影图上标出剖切平面的位置、剖切形式及编号。建筑剖面图的剖切位置和编号应当绘制在一层平面图中，其他平面图中不需再绘制建筑剖面图的剖切符号。剖切符号如图 1-114 中的 "$\underset{1}{\llcorner\quad\lrcorner}^{1}$"。

1.2.2　识读传达室屋顶平面图

学习目标：学会识读传达室屋顶平面图。

1. 看屋面排水分区、排水方向、坡度、雨水口的位置

传达室屋顶平面图如图 1-116 所示，图中的 "↓" 符号表示排水方向；1% 和 2% 表示排水坡度；图中标有符号 "〇" 的地方表示雨水口。

2. 看索引符号

细部做法如另有详图或采用标准图集的做法，在平面图中标注索引符号，注明该部位所采用的标准图集的代号、页码和图号。图 1-117 中索引符号 "$\frac{1}{J-01}$"，索引符号上半圆中的

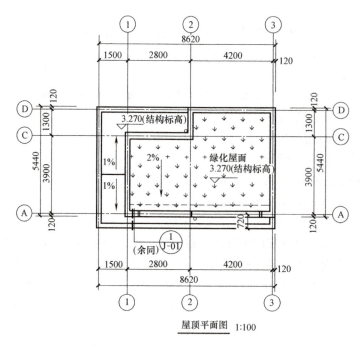

图 1-116 传达室屋顶平面图

阿拉伯数字"1"表示的是详图的编号，下半圆中的"J-01"表示该详图所在图纸的编号，则该索引符号表示，J-01 图纸中的 1 号图即为该部分的详图。

1.2.3 识读传达室立面图

> 学习目标：学会识读传达室立面图。

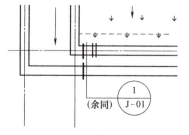

图 1-117 索引符号

为便于立面图的识读，每一个立面图都应标注立面图的名称。立面图名称的标注方法为：对于有定位轴线的建筑物，宜根据两端的定位轴线号注写立面图的名称，如①~③轴立面图；对于无定位轴线的建筑物，可按平面图各立面的朝向确定名称，如南立面图。

下面，以图 1-118①~③轴立面图为例介绍立面图的识读方法。

1. 看图名、比例、轴线及编号

了解立面图的观察方位，立面图的绘图比例、轴线编号与建筑平面图上应一致，并对照识读。

2. 房屋立面的外形、门窗等的形状及位置

从图 1-118 可知该传达室的屋顶形式为平屋顶，立面的形状为矩形，同时可知门窗的形状和位置。

3. 看立面图的标高尺寸

从图 1-118 中可看出建筑总高度是 4.2m，并可了解各部位的标高，如地坪、雨篷等处的标高。

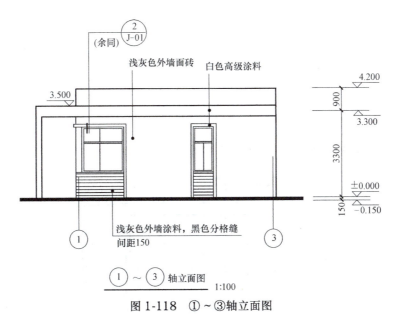

1~3轴立面图 1:100

图 1-118　①~③轴立面图

4. 看房屋外墙面装修的做法与分割线

从图 1-118 中可了解传达室各部位外立面的装修做法、材料、色彩等。

1.2.4　识读传达室剖面图

学习目标：学会识读传达室剖面图。

1. 看图名、比例、剖切位置及编号

传达室剖面图如图 1-119 所示，通过分析可知，该图的图名是 1—1 剖面图，比例为 1：100，并应根据图名到传达室一层平面图（图 1-114）中查找，确定剖切平面的位置及投射方向，从中了解该图所画的是传达室的哪一部分的投影。

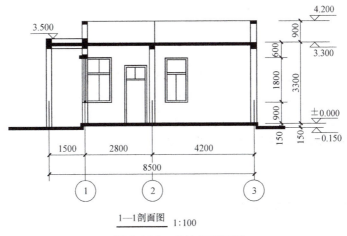

1—1剖面图 1:100

图 1-119　传达室剖面图

2. 看房屋内部的构造、结构形式

了解梁、板、屋面的结构形式、位置及其与墙（柱）的相互关系。

3. 看房屋各部分的竖向尺寸

从图 1-119 中可知室内外高差为 0.15m，层高为 3.3m，总高为 4.2m，窗台高度为 0.9m，窗户的高度为 1.8m，屋顶上女儿墙高度为 0.9m。

子项目3　传达室建筑施工图绘制

下面介绍图 1-120 所示传达室的建筑施工图绘制。

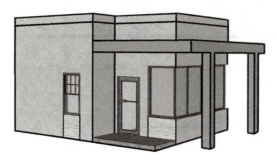

图 1-120　传达室效果图

| AutoCAD 及天正建 | AutoCAD 基本 | AutoCAD 基本 | 传达室平面图 |
| 筑软件简介 | 编辑命令 | 绘图命令 | 识读与绘制 |

1.3.1　绘制传达室一层平面图

学习目标：学习绘制传达室一层平面图。

1. 轴网绘制

根据建筑结构确定轴线数量及间距，使用 CAD 的"直线"命令（L）绘制第一条纵向轴线，然后使用"偏移"命令（O）指定偏移距离，完成余下纵向轴线的绘制。横向轴线也采用相同的方式绘制。绘制完成后，调整轴线的长度，由此完成全部轴线的绘制，如图 1-121 所示。

2. 轴网标注

完成轴网绘制之后，对轴网进行标注：

（1）轴号标注

根据制图标准，横向轴线以阿拉伯数字从左到右进行编号，纵向轴线以英文大写字母从下到上进行编号。须注意，轴线编号不得使用英文字

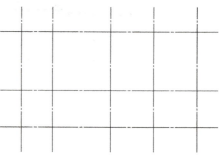

图 1-121　轴网绘制

母 I、O、Z，贯穿轴线一般为双侧标注，非贯穿轴线一般单侧标注即可。

（2）尺寸标注

可以通过线型标注、基点标注、连续标注的方式完成轴网总尺寸及尺寸线间距的标注，如图 1-122 所示。

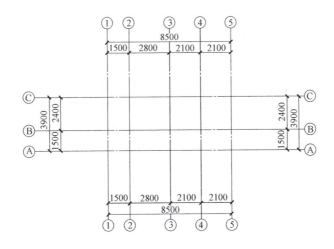

图 1-122 轴号标注和尺寸标注

3. 墙体绘制

使用"多线"命令（ML）进行墙体的绘制，修改多线的比例及对齐方式，绘制满足尺寸要求的墙体，如图 1-123 所示。多线的交界处，可用"多线编辑工具"（MLEDIT）进行修改（图 1-124）；无法进行编辑的多线，可采用"分解"命令（X）将多线分解为直线后，用"修剪"命令（TR）及"延伸"命令（EX）进行修改。

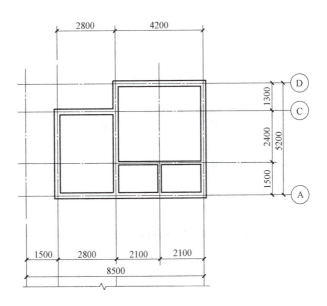

图 1-123 墙体绘制

4. 插入门窗

在插入门窗之前，先要根据门窗尺寸进行门窗的绘制；绘制完成后，建立图块（简称块），以方便在指定位置插入；通过"插入块"命令（I）在指定位置插入门窗，并断开墙体，完成门窗的绘制，如图 1-125 所示。

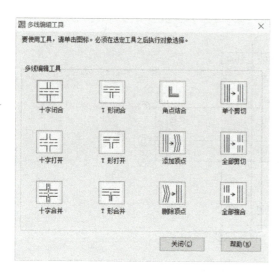

图 1-124　"多线编辑工具"

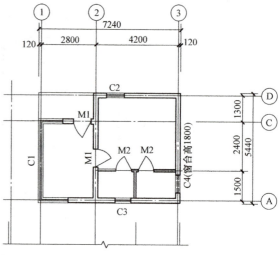

图 1-125　插入门窗

5. 插入柱子、绘制附属设施、尺寸标注

柱子及附属设施在插入前，须先进行绘制并建立图块（命令：B），然后再指定位置进行插入。完成绘制后，通过线型标注完成门窗尺寸及细部构造尺寸的标注，如图 1-126 所示。

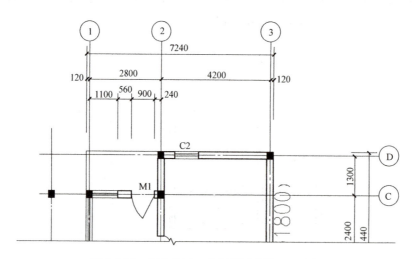

图 1-126　插入柱子、绘制附属设施、尺寸标注

6. 文字标注

采用"文字标注"命令（T）完成文字说明的绘制，如图 1-127 所示。

7. 标注标高、剖切符号，绘制图名、比例、指北针

在指定位置完成标高、剖切符号标注及图名、比例、指北针的绘制，检查图样并局部调

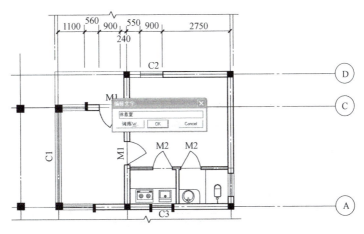

图 1-127 文字标注

整，完成一层平面图的绘制，如图 1-114 所示。

1.3.2 绘制传达室屋顶平面图

学习目标：学习绘制传达室屋顶平面图。

1. 绘制轴网

复制一层平面图的轴网，在其基础之上进行轴线增减，完成屋顶平面图轴网的绘制，如图 1-128 所示。

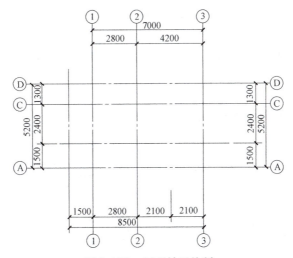

图 1-128 屋顶轴网绘制

2. 绘制墙体、檐沟

使用"多线"命令（ML）进行墙体、檐沟的绘制，如图 1-129 所示。

3. 绘制绿化并进行坡度和标高标注

使用"填充"命令（B）在指定区域进行绿化填充，并在合适位置绘制坡度箭头及标高符号，检查图样并局部调整，完成屋顶平面图的绘制，如图 1-116 所示。

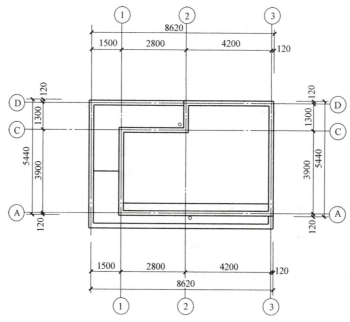

图 1-129　屋顶墙体、檐沟绘制

1.3.3　绘制传达室立面图

学习目标：学习绘制传达室立面图。

下面以绘制①~③轴立面图为例，进行立面图绘图步骤的介绍。

1. 绘制外轮廓

绘制建筑外轮廓及门窗外轮廓，绘制时须注意，室外地坪线须加粗，如图 1-130 所示。

传达室立面图
识读与绘制

2. 绘制立面门窗

绘制门窗竖梃、窗格等细部结构，如图 1-131 所示。

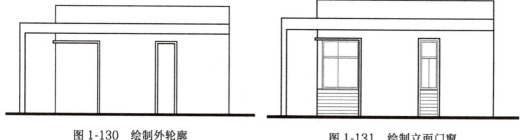

图 1-130　绘制外轮廓　　　　　　　图 1-131　绘制立面门窗

3. 材料标注

添加文字引出标注、起始轴线等内容，如图 1-132 所示。

4. 立面尺寸和标高标注

绘制标高符号及竖向尺寸、图名及比例，检查图形，完成绘制，如图 1-118 所示。

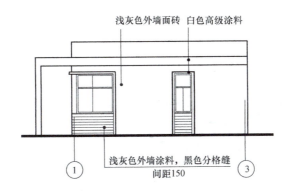

浅灰色外墙面砖　白色高级涂料

浅灰色外墙涂料，黑色分格缝
间距150

图 1-132　材料标注

1.3.4　绘制传达室剖面图

学习目标：学习绘制传达室剖面图。

确定轴线、地坪线、层高线后，绘制墙体和楼板厚度，再绘制门窗、梁、女儿墙等，最后标注尺寸、标高、图名及比例，检查图形，完成绘制，如图 1-119 所示。

1.3.5　传达室绘图注意事项（CAD 绘制）

传达室剖面图
识读与绘制

学习目标：熟悉传达室绘图注意事项（CAD 绘制）。

1）图中所标尺寸标高采用"m"为单位，其余均采用"mm"为单位，要求图样按 1：1 进行绘制。

2）标注用的"文字高度"取 200～300（单位取 CAD 中默认值，下同），文字"从尺寸线偏移"取 100。箭头采用的"建筑标记"取 150。直线"超出尺寸线"取 100，"起点偏移量"取 200～400。

3）所有字体采用仿宋，轴网编号的小圆直径按 500～700 绘制。

4）标注样式中的主单位（比例因子）为 1。

素质拓展

1937 年，梁思成、林徽因夫妇与中国营造学社的同仁前往在山西寻访到的唐代木构建筑——山西五台山佛光寺大殿，这次寻访打破了当时广为流传的说法——要看唐代木结构建筑只能去日本。

在寻找佛光寺大殿的过程中，梁思成、林徽因夫妇的身体状况并不好：梁思成拖着一条伤腿，林徽因患着肺病。但他们始终以饱满的激情和忘我的精神，创造性地开展工作，为中国古建筑的研究做出了重要贡献。

经过不懈的努力，终于找到了寂静深山之中的佛光寺，发现了唐代建筑、唐代雕塑、唐代壁画……。梁思成据此撰写了《记五台山佛光寺建筑》（登载于《中国营造学社汇刊》），文章一发表就轰动了中外建筑学界。梁思成在文中这样写道："此不但为本社多年

佛光寺大殿

现场测量照片

来实地踏查所得之唯一唐代木构殿宇，实亦国内古建筑之第一瑰宝。"

《记五台山佛光寺建筑》的测绘数据及图画资料非常丰富，准确地反映了佛光寺及附属建筑物的建造特点；同时，文中还收录了大量的文献资料，对佛光寺的历史及准确建造年代进行了考证，展示了作者严谨的学术态度和厚实的学术功底。

山西五台山佛光寺大殿揭示了中国古建筑的辉煌历史，是中国古代匠人智慧的结晶、技术的体现。梁思成、林徽因夫妇以坚韧不拔、爱岗敬业和忘我的奉献精神，表达了对中国古建筑深厚的感情和强烈的爱国主义情怀。

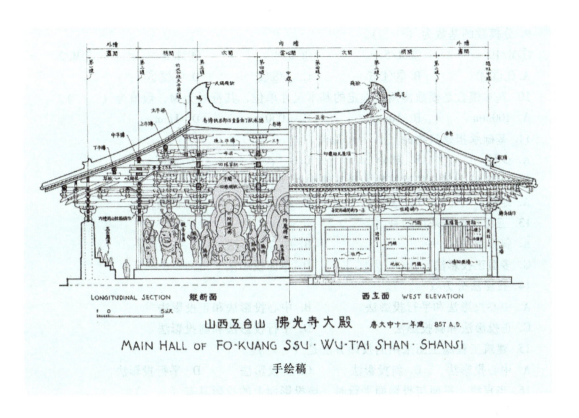

山西五台山 佛光寺大殿 唐大中十一年度 857 A.D.

MAIN HALL OF FO·KUANG SSU·WU·T'AI SHAN·SHANSI

手绘稿

练 / 习 / 题

1. 建筑物按照使用性质可分为（   ）。

①工业建筑　　　②公共建筑　　　③民用建筑　　　④农业建筑　　　⑤居住建筑

A. ①②③　　　　B. ②③④　　　　C. ①③④　　　　D. ②③⑤

2. 商场属于（   ）。

A. 居住建筑　　　B. 公共建筑　　　C. 工业建筑　　　D. 农业建筑

3. 民用建筑包括居住建筑和公共建筑，其中（   ）属于居住建筑。

A. 托儿所　　　B. 宾馆　　　　C. 公寓　　　　D. 疗养院

4. 下列不属于公共建筑的是（   ）。

A. 大型超市　　B. 宾馆　　　　C. 酒店　　　　D. 公寓

5. 除住宅之外的民用建筑高度小于或等于（   ）m 的建筑属于非高层建筑。

A. 14　　　　　B. 24　　　　　C. 34　　　　　D. 44

6. 高度超过（   ）m 的建筑属超高层建筑。

A. 14　　　　　B. 24　　　　　C. 50　　　　　D. 100

7. 特别重要的建筑，设计使用年限为（   ）。

A. 100 年　　　B. 50 年　　　C. 40～50 年　　D. 15 年以下

8. 普通建筑物按耐火极限不同，被分为（   ）个耐火等级。

A. 一　　　　　B. 二　　　　　C. 三　　　　　D. 四

9. 分模数的基数为 （　　　）。

①M/10　　　　②M/5　　　　③M/4　　　　④M/3　　　　⑤M/2

A. ①③④　　　B. ③④⑤　　　C. ②③④　　　D. ①②⑤

10. 基本模数是模数协调中选定的基本尺寸单位，其符号为 M，数值为 （　　　）。

A. 100mm　　　B. 10mm　　　C. 1000mm　　　D. 1mm

11. 基础承担建筑物的 （　　　） 荷载。

A. 少量　　　B. 部分　　　C. 一半　　　D. 全部

12. 下列哪个部分是建筑物的最下部构件 （　　　）。

A. 地基　　　B. 基础　　　C. 墙体　　　D. 门窗

13. 三面投影图采用的是 （　　　）。

A. 斜投影法　　　　　　　　B. 中心投影法

C. 多面正投影法　　　　　　D. 单面投影法

14. 投影法分为 （　　　）。

A. 中心投影法和平行投影法　　　　B. 中心投影法和正投影法

C. 正投影法和斜投影法　　　　　　D. 平行投影法和斜投影法

15. 建筑工程施工图采用的投影方法是 （　　　）。

A. 中心投影法　　　B. 斜投影法　　　C. 正投影法　　　D. 平行投影法

16. 当直线、平面与投影面平行时，该投影面上的投影具有 （　　　）。

A. 积聚性　　　B. 显实性　　　C. 类似收缩性　　　D. 收缩性

17. 三面投影体系中，H 面展平的方向为 （　　　）。

A. H 面永不动　　　　　　　B. H 面绕 Y 轴向下转 $90°$

C. H 面绕 Z 轴向右转 $90°$　　D. H 面绕 X 轴向下转 $90°$

18. 侧面投影图反映了物体 （　　　）。

A. 上下方位　　　　　　　　B. 左右方位

C. 上下、前后方位　　　　　D. 左右、前后方位

19. 三面投影图中"宽相等"是指 （　　　） 之间的关系。

A. V 面和 W 面　　　　　　B. V 面和 H 面

C. H 面和 W 面　　　　　　D. X 轴和 Y 轴

20. 关于点的投影，下列叙述正确的是 （　　　）。

A. 空间两个点，在一个投影面上必定有两个点

B. 根据一个投影面上的点投影就能决定这个点的空间位置

C. 在正投影中，空间一个点在一个投影面上仅有一个点的投影

D. 在正投影中，空间一个点在一个投影平面上有时可有两个点的投影

21. 平行于侧立面投影，同时倾斜于水平投影面和正立投影面的直线为 （　　　）。

A. 铅垂线　　　B. 侧平线　　　C. 水平线　　　D. 正平线

22. 三面投影中的正立面投影和侧立面投影都反映出物体的真实 （　　　）。

A. 宽度　　　B. 位置　　　C. 高度　　　D. 长度

23. 建筑工程图纸有 （　　　） 种幅面尺寸。

A. 2　　　B. 3　　　C. 4　　　D. 5

24. 在建筑施工图中，建筑材料图例填充线一般采用的线型为（　　　）。

A. 细实线　　　　　B. 粗虚线　　　　　C. 细点长画线　　　D. 中实线

25. 在建筑工程施工图中，定位轴线采用的线型为（　　　）。

A. 细实线　　　　　B. 粗虚线　　　　　C. 细点长画线　　　D. 中实线

26. 下列哪个图例用粗实线表示（　　　）。

A. 剖切符号　　　　B. 尺寸线　　　　　C. 定位轴线　　　　D. 折断线

27. 在建筑施工图中，建筑立面图的外轮廓线的线型为（　　　）。

A. 粗实线　　　　　B. 中实线　　　　　C. 细实线　　　　　D. 细虚线

28. 标注尺寸起止符号的倾斜方向与尺寸界线呈（　　　）。

A. 顺时针 45°　　　B. 顺时针 30°　　　C. 顺时针 60°　　　D. 顺时针 75°

29. 下列选项中，（　　　）不是建筑工程施工图中采用的比例。

A. 1∶10　　　　　B. 1∶5　　　　　C. 1∶30　　　　　D. 50∶1

30. 下列选项中的（　　　）不是尺寸标注的四要素之一。

A. 尺寸线　　　　　B. 尺寸界线　　　　C. 箭头　　　　　D. 尺寸数字

31. 圆的尺寸标注应在半径数字前加注（　　　）来表示。

A. ϕ　　　　　　B. R　　　　　　C. S　　　　　　D. T

32. 横向定位轴线编号采用（　　　）。

A. 从左至右用大写英文字母　　　　　B. 从右至左用大写英文字母

C. 从左至右用阿拉伯数字　　　　　　D. 从右至左用阿拉伯数字

33. 纵向定位轴线编号采用（　　　）。

A. 从上至下用大写英文字母　　　　　B. 从下至上用大写英文字母

C. 从上至下用阿拉伯数字　　　　　　D. 从下至上用阿拉伯数字

34. 关于定位轴线 ②/5，下列说法哪个是正确的（　　　）。

A. 这是 2 号轴线前的第 5 根附加轴线

B. 这是 2 号轴线后的第 5 根附加轴线

C. 这是 5 号轴线前的第 2 根附加轴线

D. 这是 5 号轴线后的第 2 根附加轴线

35. 关于绝对标高，下列哪项是不正确的（　　　）。

A. 绝对标高符号宜用涂黑的等腰直角三角形表示

B. 绝对标高用米为单位

C. 绝对标高以建筑物底层设计地面为零点

D. 绝对标高以黄海海平面的平均高度为零点

36. 关于相对标高，哪项是正确的（　　　）。

A. 相对标高符号用等腰直角三角形表示

B. 相对标高以毫米为单位

C. 相对标高以建筑物室外设计地面为零点

D. 相对标高以黄海海平面的平均高度为零点

37. 关于详图符号 5/3，下列说法正确的是（　　　）。

A. 详图在第 3 张图纸　　　　　　　B. 详图编号为⑤

C. 详图编号为③　　　　　　　　　D. 详图符号的圆应该用细实线绘制

38. 以下选项中，（　　）表示详图的编号为 5。

A. 　　　　　　　　　B.

C. 　　　　　　　　　D.

39. 在建筑施工图的总平面图中，应画出指北针，指北针要求为（　　）。

A. 细实线绘制的 14mm 直径的圆圈，指针尾部宽约 5mm

B. 细实线绘制的 24mm 直径的圆圈，指针尾部宽约 3mm

C. 粗实线绘制的 14mm 直径的圆圈，指针尾部宽约 5mm

D. 粗实线绘制的 24mm 直径的圆圈，指针尾部宽约 3mm

40. 在建筑施工图的总平面图中，题图所示的中粗虚线图形表示（　　）。

A. 新建建筑物

B. 既有建筑物

C. 拆除建筑物

D. 计划扩建的预留地或建筑物

41. 以下（　　）不属于建筑立面图图示的内容。

A. 外墙各主要部位标高

B. 详图索引符号

C. 散水构造做法

D. 建筑物两端定位轴线

42. 图 1-116 中标示符号"○"，表示（　　）。

A. 排水管　　　B. 雨水口　　　C. 孔洞　　　D. 空洞

43. 子项目 2 传达室工程室内外高差为（　　）。

A. 0m　　　　　B. 0.05m　　　C. 0.15m　　　D. 0.20m

44. 图 1-114 中 M1 的宽度为（　　）。

A. 800mm　　　B. 900mm　　　C. 1000mm　　　D. 1100mm

45. 图 1-114 中 C2 的宽度为（　　）。

A. 800mm　　　B. 850mm　　　C. 900mm　　　D. 950mm

46. 图 1-114 中 C4 表示（　　）。

A. 平开窗　　　B. 飘窗　　　　C. 转角窗　　　D. 高窗

47. 图 1-114 中绘制轴网的线型为（　　）。

A. 实线　　　　　B. 虚线　　　　　C. 单点长画线　　D. 双点长画线

48. 图 1-114 中相对标高的三角形为（　　　）。

A. 等腰三角形　　　　　　　B. 等腰直角三角形

C. 等边三角形　　　　　　　D. 普通三角形

49. 图 1-119 中地坪线的线型为（　　　）。

A. 细实线　　　　B. 中粗实线　　　C. 粗实线　　　　D. 加粗实线

50. 图 1-114 中轮廓线的线型为（　　　）。

A. 细实线　　　　B. 中粗实线　　　C. 粗实线　　　　D. 加粗实线

51. 子项目 2 传达室工程中，楼板的建筑标高−结构标高＝（　　　）m。

A. 0.03　　　　　B. 0.04　　　　　C. 0.05　　　　　D. 0.06

项目二

识读与绘制住宅楼建筑施工图

子项目1 建筑构造理论知识

2.1.1 基础

学习目标：通过学习基础的建筑构造组成，掌握基础与地基的区别，熟悉基础的埋深要求及影响因素，掌握基础的分类。

一、基础与地基

1. 基础

基础是建筑物的重要组成部分，它直接与土壤接触，并将所承受的各种荷载传到地基上，如图2-1所示。

2. 地基

支撑基础的土层称为地基，它不是建筑物的组成部分，如图2-2所示。地基分为天然地基和人工地基两大类。凡天然土层本身有足够的强度，能直接承受建筑物荷载的称为天然地基；凡天然土层本身的承载能力较弱，或建筑物上部荷载较大时，须预先对土壤层进行加工或加固处理，然后才能承受建筑物荷载的地基称为人工地基。人工地基通常采用压实法、换土法、化学加固法和打桩法等施工。

图2-1 基础

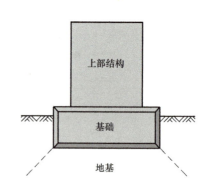

图2-2 基础与地基

二、基础的埋置深度

1. 基础埋置深度的定义和要求

为确保建筑物的坚固与安全，基础要埋入土中一定的深度。一般把室外设计地面至基础底面的垂直距离称为基础的埋置深度，简称基础的埋深，如图 2-3 所示。

基础与地基概述

基础按埋置深度不同分为浅基础和深基础两类。埋深小于 5m 的称为浅基础；埋深大于或等于 5m 的称为深基础。在保证安全使用的前提下，应优先选用浅基础，可降低工程造价。但由于地表土层成分复杂，性能不稳定，因此基础埋深不宜小于 0.5m。

2. 影响基础埋深的因素

基础埋深的大小关系到地基的可靠性、施工的难易程度及造价。影响基础埋深的因素有很多，主要影响因素有以下几个方面：

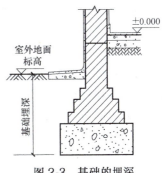

图 2-3　基础的埋深

（1）建筑物上部荷载的大小和性质

建筑物上部荷载有恒载和活载之分，其中恒载引起的沉降量最大，因此当恒载较大时，基础埋深应大一些。荷载按作用方向又分为竖向荷载和水平荷载，当水平荷载较大时，为了保证建筑的稳定性，也常将埋深加大。一般高层建筑的基础埋置深度常为地面以上建筑物总高度的 1/10 左右。

（2）工程地质条件

基础底面应尽量选在常年未经扰动而且坚实平坦的土层或岩石上，俗称"老土层"。当表面软弱土层较厚时，可采用深基础或人工地基。

（3）水文地质条件

选择基础埋深时，需先确定地下水的常年水位和最高水位，一般宜将基础落在地下水的常年水位和最高水位之上，这样无须进行特殊的防水处理，既节省造价，也方便施工，还可防止或减轻地下水中化学元素对基础的侵蚀。当必须埋在地下水位以下时，宜将基础埋置在最低地下水位以下不小于 200mm 处，如图 2-4 所示。

（4）地基土壤冻胀深度

应根据当地的气候条件了解土层的冻胀深度，一般将基础的垫层部分放在土层冻胀深度以下，如图 2-5 所示。否则，冬天土层的冻胀力会把房屋拱起，产生变形；天气转暖，冻土解冻时又会产生坍落，反复的冻融循环会使建筑产生裂缝甚至破坏。

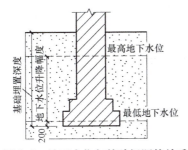

图 2-4　地下水位与基础埋深的关系

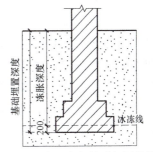

图 2-5　冻胀深度与基础埋深的关系

（5）相邻建筑物基础的影响

新建建筑物的基础埋深不宜深于相邻的既有建筑物的基础。当新建基础深于既有基础时，要采取一定的措施加以处理，以保证既有建筑的安全和正常使用。

三、基础的类型

基础的分类

基础的类型有很多，主要根据建筑物的结构类型、体量高度、荷载大小、地质水文和材料选择等因素来确定。

1. 按所用材料及受力特点分类

（1）刚性基础

由刚塑性材料制作的基础称为刚性基础。一般把抗压强度高而抗拉、抗剪强度较低的材料称为刚塑性材料，常用的刚塑性材料有砖、灰土、混凝土、三合土、毛石等。为满足地基允许承载力的要求，基础底面宽度 B_0 一般大于上部墙宽 B，即 $B_0 > B$。上部荷载一定的情况下，地基承载力越小，B_0 越大。当 B_0 很大时，往往挑出部分也很大。从基础受力方面分析，挑出的基础相当于一个悬臂梁，它的底面将受拉。为了保证基础不被拉力、剪力破坏，基础必须具有相应的高度（基础底面到基础顶面的距离称为基础高度）。

通常按刚塑性材料的受力状况，基础在传力时只能控制在材料的允许范围内，这个控制范围的夹角称为刚性角，用 α 表示。砖、石基础的刚性角控制在（1:1.25）~（1:1.5）（26°~33°），如图 2-6 所示；素混凝土基础的刚性角控制在 1:1（45°）以内，如图 2-7 所示。刚性基础的受力、传力特点如图 2-8 所示。

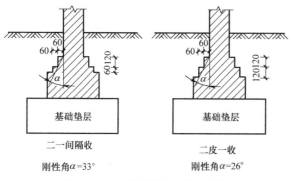

二一间隔收

刚性角 $\alpha=33°$

二皮一收

刚性角 $\alpha=26°$

图 2-6　砖、石基础的刚性角范围

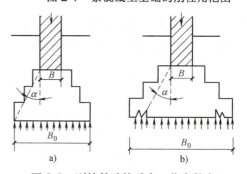

刚性角 $\alpha=45°$

图 2-7　素混凝土基础的刚性角范围

（2）柔性基础

当建筑物的荷载较大而地基承载能力较小时，基础底面宽度 B_0 必须加宽，如果仍采用刚塑性材料制作基础，势必加大基础的深度，这样很不经济。如果在混凝土基础的底部配以钢筋，利用钢筋来承受拉应力，使基础底部能够承受较大的弯矩，这时的基础宽度不受刚性角的限制，故将钢筋混凝土基础称为非刚性基础或柔性基础，如图 2-9 所示。

a）

b）

图 2-8　刚性基础的受力、传力特点

a）基础受力在刚性角范围以内　b）基础宽度 B_0 超过刚性角范围而破坏

2. 按基础的构造形式分类

（1）独立基础

当建筑物上部结构采用框架结构或单层排架结构承重时，基础常与框架柱或排架柱对应，形成独立基础，构造形式常采用方形或矩形，这类基础称为独立基础或柱式基础，如图2-10所示。独立基础是柱下基础的基本形式。这类基础的优点是减少了土方工程量，节约基础材料。

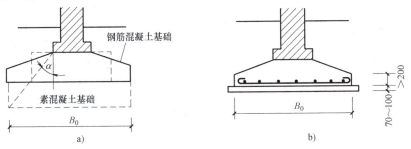

图2-9　钢筋混凝土基础

a）素混凝土基础与钢筋混凝土基础相比较　b）基础配筋情况

当柱采用预制构件时，则基础做成杯口形，然后将柱子插入并嵌固在杯口内，称为杯形基础，如图2-11所示。

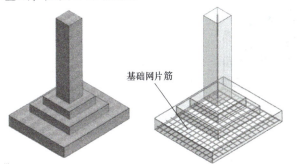

图2-10　钢筋混凝土独立基础

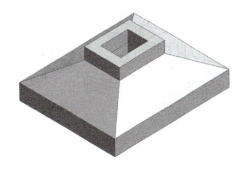

图2-11　预制钢筋混凝土杯形基础

（2）墙下条形基础

当建筑物上部结构采用墙承重时，基础沿墙身设置成长条形，纵横向连续交叉，这类基础称为墙下条形基础，如图2-12所示。

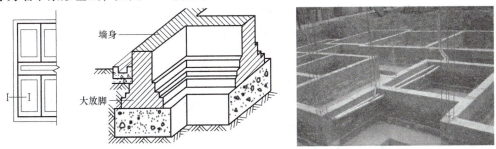

图2-12　墙下条形基础

（3）井格基础（柱下条形基础）

当地基条件较差，基础的底面积也较大，柱下使用独立基础已经不能满足承载力和整体性要求时，此时常将同一排柱下基础连在一起，形成柱下条形基础。有时为了进一步提高建筑物的整体性，防止柱子之间产生不均匀沉降，常将柱下基础沿纵横两个方向扩展连接起来，做成十字交叉的井格基础，如图 2-13 所示。

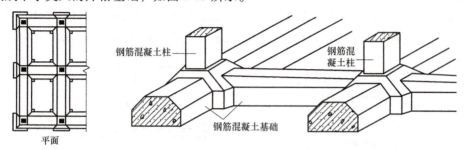

图 2-13　井格基础

（4）筏形基础

当建筑物上部荷载较大，而地基又比较软弱时，这时采用简单的条形基础或井格基础已不能适应地基变形的需要，通常将墙下或柱下基础连成一片，使建筑物的荷载分布在一块整板上成为筏形基础。筏形基础有平板式和梁板式两种，如图 2-14 所示。

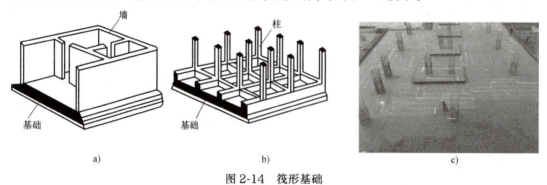

图 2-14　筏形基础
a）平板式筏形基础　b）梁板式筏形基础　c）现场照片

（5）箱形基础

当筏形基础做得很深时，常将基础做成箱形基础。箱形基础是由钢筋混凝土底板、顶板和若干纵横隔墙组成的整体结构，基础的中空部分可用作地下室（单层或多层）或地下停车库。箱形基础整体空间刚度大，整体性强，能抵抗地基的不均匀沉降，较适用于高层建筑或在软弱地基上建造的重型建筑物，如图 2-15 所示。

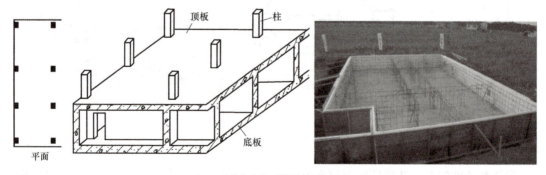

图 2-15　箱形基础

（6）桩基础

当建筑物的荷载较大，浅层地基土不能满足建筑物对地基承载力或变形的要求，而又不适宜采取其他地基处理措施时，可考虑采用桩基础。桩基础由承台和桩柱组成，如图 2-16 所示，是目前应用较为广泛的基础形式，具有承载力高、沉降量少、节省材料、减少土方工程量、缩短工期等优点。

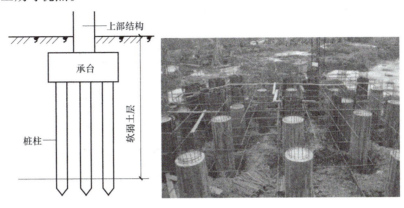

图 2-16 桩基础

不同基础类型适用的建筑类型详见表 2-1。

表 2-1 不同基础类型适用的建筑类型

基础类型	适用的建筑类型
独立基础	框架结构建筑、排架结构建筑
柱下条形基础	柱子承受较大的荷载或地基承载力较小的框架结构建筑
墙下条形基础	砖混结构建筑较常用
筏形基础	（1）上部荷载较大而地基承载能力又比较弱的建筑物 （2）柱距较小而柱的荷载又很大的建筑物
箱形基础	（1）位于软弱地基上的面积较小、平面形状简单、荷载较大或上部结构分布不均的高层重型建筑物 （2）对沉降有严格要求的设备基础或特殊构筑物
桩基础	（1）建筑物下部的浅层土层较软弱，不能满足承载力和变形要求，而深层土层存在较好的土层时 （2）建筑物下存在不稳定土层，如液化土、湿陷性黄土、季节性冻土、膨胀土等 （3）建筑物下部地基软硬不均或荷载分布不均，天然地基不能满足结构物对不均匀变形的要求时

2.1.2 墙体

学习目标：通过学习墙体的建筑构造组成，熟悉墙体的砌筑方式和常用材料，掌握墙体中各细部构造的设置要求和作用。

一、墙体的分类

1. 按墙体所在位置分类

墙体依其在房屋中所处位置的不同，有外墙和内墙之分。沿房屋四周边缘分布的墙称为外墙；被外墙所包围的墙体称为内墙。外墙属于房屋的外围

墙体的分类

护结构，起着分隔室内外空间、遮风、挡雨、保温、隔热的作用；内墙主要起分隔房屋的内部空间的作用。其中，沿房屋短轴方向布置的墙称为横墙，横向外墙统称为山墙；沿房屋长轴方向布置的墙称为纵墙，纵墙有外纵墙与内纵墙之分，如图 2-17 所示。对于一片墙来说，窗与窗之间和窗与门之间的墙称为窗间墙；窗台下面的墙称为窗下墙，如图 2-18 所示。

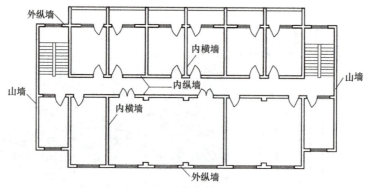

图 2-17 墙体各部分名称

2. 按墙体受力状况分类

在混合结构房屋中，墙体按受力方式不同有承重墙和非承重墙之分。凡是承担建筑上部构件传来荷载的墙称为承重墙，不承担建筑上部构件传来荷载的墙称为非承重墙。非承重墙包括自承重墙和隔墙，自承重墙不承受外来荷载，仅承受自身重量并将其传至基础；隔墙起分隔房间的作用，不承受外来荷载，并把自身重量传给梁或楼板，如图 2-19 所示。框架结构房屋中的墙体填充在梁、柱结构之间的称为框架填充墙。

图 2-18 窗间墙和窗下墙

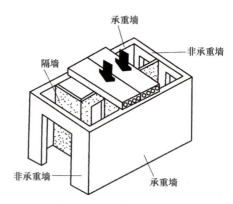

图 2-19 承重墙和非承重墙

3. 按墙体建造材料的不同分类

墙体按照建造材料的不同分为砖墙、石墙、土墙、砌块墙、混凝土墙等。其中，砖墙中的黏土砖虽然是我国传统的墙体材料，但它越来越受到材料来源的限制，我国已经限制在建筑业中使用实心黏土砖。石墙和土墙的原材料石材和生土往往作为地方性材料在原产地使用，价格虽低但加工不便。砌块墙是砖墙的良好替代品，由多种轻质材料和水泥等制成，例如加气混凝土砌块。混凝土则可以现浇或预制，在多、高层建筑中应用较多。

4. 按墙体构造和施工方式分类

墙体按构造方式分为实体墙、空体墙和组合墙三种。实体墙由单一材料组成，如砖墙、砌块墙等。空体墙也是由单一材料组成的，既可由单一材料砌成内部空腔，也可用具有孔洞的材料建造，如空斗砖墙、空心砌块墙等。组合墙由两种以上材料组合而成，例如混凝土-加气混凝土复合板材墙，其中的混凝土起承重作用，加气混凝土起保温隔热作用。

二、砖墙材料和组砌方式

砖墙（砌块墙）是用砂浆将块材按一定技术要求砌筑而成的墙体，其材料主要分为块材和砂浆。

1. 块材

块材是砌块墙的主要组成部分，占砌体总体积的78%以上。我国目前的块材主要有砖、砌块、石材等。其中，烧结普通砖的主要规格是240mm×115mm×53mm（长×宽×高），如图2-20所示；KP1型烧结多孔砖的规格是240mm×115mm×90mm（长×宽×高），如图2-21所示。

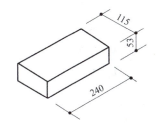
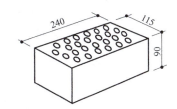

图 2-20　烧结普通砖的尺寸　　　　　图 2-21　KP1 型烧结多孔砖的尺寸

2. 砂浆

砌块墙中砂浆的作用是将块材连成整体，从而改善块材在砌体中的受力状态，使其应力均匀分布；同时因砂浆填满了块材之间的缝隙，也降低了砌体的透气性，提高了砌体的防水、隔热、抗冻等性能。按配料成分不同，常用的砂浆有以下几种：

（1）水泥砂浆

水泥砂浆由水泥、砂加水拌和而成，属于水硬性材料，强度高，但可塑性和保水性较差，适应砌筑湿环境下的砌体，如地下室、砖基础等。

（2）石灰砂浆

石灰砂浆由石灰膏、砂加水拌和而成。由于石灰膏为塑性掺和料，所以石灰砂浆的可塑性很好，但它的强度较低，且属于气硬性材料，遇水强度即降低，所以适宜砌筑低层民用建筑的地上部分。

（3）混合砂浆

混合砂浆由水泥、石灰膏、砂加水拌和而成。因为其既有较高的强度，也有良好的可塑性和保水性，故在民用建筑的地上部分中被广泛采用。

烧结普通砖、烧结多孔砖、蒸压灰砂普通砖和蒸压粉煤灰普通砖砌体采用的普通砂浆强度等级为M15、M10、M7.5、M5和M2.5；蒸压灰砂普通砖和蒸压粉煤灰普通砖砌体采用的专用砌筑砂浆强度等级为Ms15、Ms10、Ms7.5、Ms5.0；混凝土普通砖、混凝土多孔砖、单排孔混凝土砌块和煤矸石混凝土砌块砌体采用的砂浆强度等级为Mb20、Mb15、Mb10、Mb7.5和Mb5；双排孔或多排孔轻集料混凝土砌块砌体采用的砂浆强度等级为Mb10、

Mb7.5 和 Mb5；毛料石、毛石砌体采用的砂浆强度等级为 M7.5、M5 和 M2.5。

3. 砖墙的组砌方式

为了保证墙体的强度，墙体的缝隙必须横平竖直、错缝搭接，避免通缝，如图 2-22 所示。同时，砌缝砂浆必须饱满，厚度均匀。以烧结普通砖为例，常用的错缝方法是将丁砖和顺砖上下皮交错砌筑，每排列一层砖称为一皮。常见的砖墙砌筑方式有一顺一丁式、全顺式、顺丁相间式等，如图 2-23 所示。

图 2-22　砖墙的砌筑

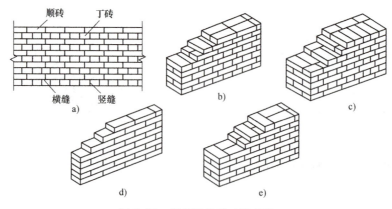

图 2-23　常见的几种砖墙砌法

a）砖缝形式　b）、c）一顺一丁式　d）全顺式　e）顺丁相间式

三、砖墙的细部构造

砖墙的细部构造包括墙脚（勒脚、防潮层、散水、明沟）、窗台、门窗过梁、变形缝、圈梁、构造柱和防火墙等。

1. 墙脚

底层室内地面以下、基础以上的墙体称为墙脚。墙脚包括勒脚、防潮层、散水和明沟等。

（1）勒脚

勒脚是外墙墙身接近室外地面的部分，是为保护外墙脚防止外部碰伤，防止雨水溅上墙身造成墙体风化，并兼具美观等作用而做的加固构造，如图 2-24 所示。

自室外地面算起，勒脚的高度一般应在 500mm 以上，有时为了建筑立面形象的要求，经常把勒脚顶部提高至首层窗台处。勒脚一般采用以下几种构造做法（图 2-25）：

勒脚、散水、明沟

图 2-24　砖墙勒脚

1）抹面。可采用 20mm 厚的 1：3 水泥砂浆抹面或 1：2 水泥白石子浆水刷石或斩假石抹面。此方法多用于一般建筑，为防止抹面起壳脱落，除强化施工操作外，常用"咬口"构造进行加强。

2）贴面。可采用天然石材板或人工石材板贴面，如花岗石板、水磨石板等。其耐久性、装饰效果较好，常用于高标准建筑。

3）石材砌筑。勒脚材料直接采用石材，如用条石等砌筑。

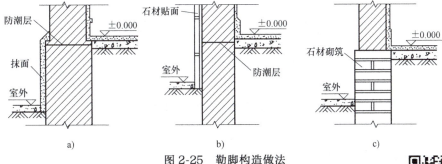

图 2-25 勒脚构造做法

a）抹面 b）贴面 c）石材砌筑

（2）防潮层

由于地表水和地下水的毛细作用所形成的地潮，会沿墙身不断上升，如图 2-26 所示，不但影响墙体强度，还会使室内抹灰粉化脱落，抹灰表面生霉，影响人体健康，所以需要在墙身中设置防潮层。墙身防潮层有墙身水平防潮层和墙身垂直防潮层两类。

墙身防潮层

1）墙身水平防潮层。墙身水平防潮层设置的位置应在室内地坪与室外地坪之间，标高相当于 -0.060m，且距室外地面至少 150mm 以上。如果防潮层设置位置不当，就不能完全阻隔地下潮气，如图 2-27 所示。

墙身水平防潮层的构造做法常用以下几种（图 2-28）：

① 防水砂浆防潮层：采用 1：2 水泥砂浆加水泥用量 3%~5% 的防水剂，厚度为 20~25mm；或用防水砂浆砌三皮砖作防潮层。这种做法构造简单，但砂浆开裂或不饱满时影响防潮效果。

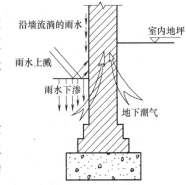

图 2-26 地潮对墙身的影响

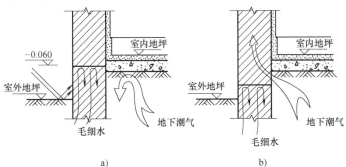
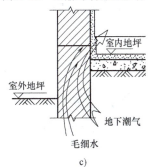

图 2-27 墙身水平防潮层的位置

a）位置恰当 b）位置偏低 c）位置偏高

② 细石混凝土防潮层：采用 60mm 厚的细石混凝土带，内配三根 $\phi6$ 钢筋，其防潮性能较好。

如果墙脚采用不透水的材料（如条石或混凝土等），或设有钢筋混凝土地圈梁时，可将地圈梁的位置提高至-0.060m 标高处，兼起墙身防潮层的作用。

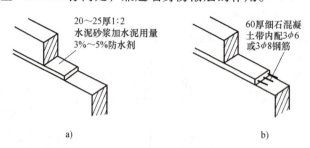

图 2-28　墙身水平防潮层构造做法

a）防水砂浆防潮层　b）细石混凝土防潮层

2）墙身垂直防潮层。当相邻室内地坪出现高差或室内地面低于室外地面时，不仅要求按地坪高差的不同在墙身设两道水平防潮层，而且为了避免高地坪房间（或室外地面）填土中的潮气侵入墙身，还应对有高差部分的垂直墙面采取垂直防潮措施。其具体做法是在高地坪房间填土前，于两道水平防潮层之间的垂直墙面上，先用水泥砂浆抹灰，再涂冷底子油一道、热沥青两道（或其他防潮处理）；而在低地坪一边的墙面上，则采用水泥砂浆打底的墙面抹灰，如图 2-29 所示。

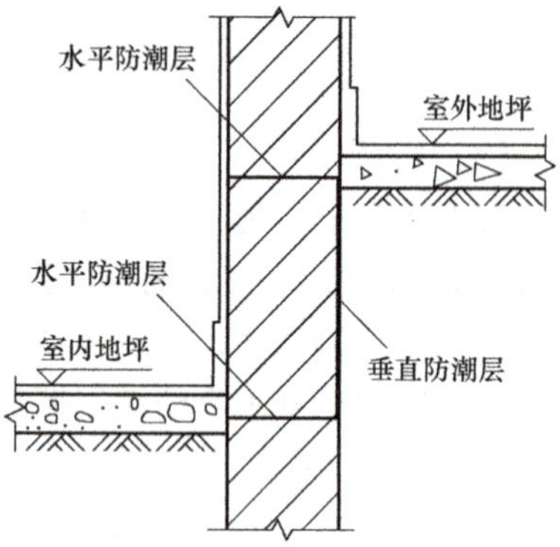

（3）散水与明沟

为了及时排除雨水，防止雨水侵蚀墙身，房屋四周

图 2-29　墙身垂直防潮层构造做法

需设散水或明沟。当屋面为有组织排水时一般设明沟或暗沟，也可设散水。屋面为无组织排水时一般设散水，如图 2-30 所示，但应加滴水砖（石）带。散水的做法通常是在素土夯实的基础上铺三合土、混凝土等材料，并应设不小于3%的排水坡，宽度一般为 600~1000mm，如图 2-31 所示。散水与外墙交接处应设分格缝，分格缝用弹塑性材料嵌缝，表面嵌上油膏，防止外墙下沉时将散水拉裂。散水整体面层沿纵向距离每隔 6~12m 做一道伸缩缝，缝宽 20mm，缝内嵌上油膏。

图 2-30　室外散水

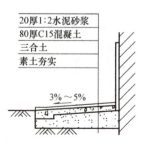

图 2-31　散水构造做法

明沟是设置在外墙四周的排水沟，将水有组织地导向集水井，然后流入排水系统，如图2-32所示。明沟的构造做法一般用素混凝土现浇，或用砖石铺砌成一定宽度和深度的沟槽，然后用水泥砂浆抹面。沟底应做纵坡，坡度为0.5%~1%，宽度为220~350mm，如图2-33所示。

图2-32　明沟

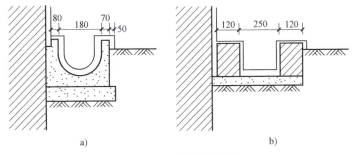

a)　　　　　　　　　　　　　b)

图2-33　明沟构造做法
a）混凝土明沟　b）砖砌明沟

2. 窗台

窗台是设于窗洞口下部的构件，分为外窗台和内窗台两种，如图2-34所示。

外窗台的作用主要是排除窗面雨水，保证下部墙体的干燥，同时也对建筑的立面起到装饰作用。外窗台有悬挑和不悬挑两种。悬挑窗台常用砖砌或采用预制钢筋混凝土，其挑出的尺寸应不小于60mm。砖砌外窗台可以平砌或侧砌，窗台的坡度可以利用斜砌的砖形成。

过梁、窗台、圈梁、构造柱　　门窗构造

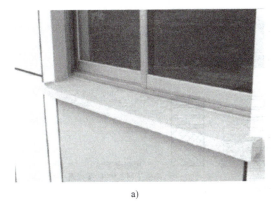

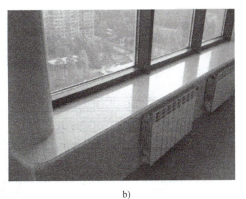

a)　　　　　　　　　　　　　b)

图2-34　外窗台和内窗台
a）外窗台　b）内窗台

内窗台的窗台板一般采用预制钢筋混凝土板，装修标准较高的房间也可以采用天然石材。窗台板不宜采用木材等防水性能差的材料制作，否则容易受到冷凝水的侵蚀。窗台板一般依靠窗间墙支撑，两端伸入墙内 60mm，沿内墙面挑出约 40mm。

常见的窗台有木窗台、砖砌体窗台、石材窗台、钢筋混凝土窗台等。窗台构造举例如图 2-35 所示。

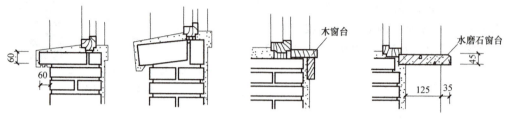

图 2-35　窗台构造

3. 门窗过梁

当墙体上设置门窗洞口时，为了支撑门窗洞口上传来的荷载，并把这部分荷载传递给两侧的墙体，常在门窗洞口上设置横梁，即门窗过梁。由于砖在砌筑时是相互咬合的，会在砌体内部产生内拱作用，因此过梁并不承担其上墙体的全部荷载，而是只承担了一部分荷载，约为门洞跨度 1/3 高度范围内墙体的重量。当过梁的有效范围内有集中荷载存在时，则应另行计算过梁上的荷载数值。

过梁的种类较多，目前常见的过梁形式有砖拱过梁、钢筋砖过梁和钢筋混凝土过梁三种。

（1）砖拱过梁

砖拱过梁分为平拱和弧拱。由竖砌的砖作拱圈，一般将砂浆灰缝做成上宽下窄，上宽不大于 20mm，下宽不小于 5mm。砌筑用砖强度等级不低于 MU7.5，砌筑用砂浆强度等级不能低于 M2.5。砖砌平拱过梁的净跨 L 宜小于 1.2m，中部起拱高约为 1/50L，如图 2-36 所示。

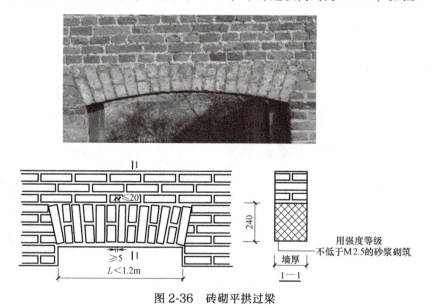

图 2-36　砖砌平拱过梁

（2）钢筋砖过梁

钢筋砖过梁用砖强度等级不低于 MU7.5，砌筑时一般在洞口上方先支木模，砖平砌，下设 3~4 根 $\phi 6$ 钢筋（要求伸入两端墙内不少于 240mm）。梁高为 5~7 皮砖的高度或 $\geq L/4$，钢筋砖过梁的最大跨度宜小于 1.5m，如图 2-37 所示。

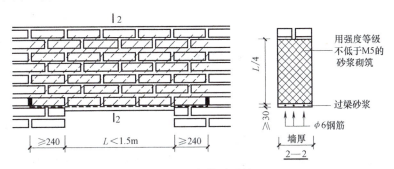

图 2-37　钢筋砖过梁

（3）钢筋混凝土过梁

钢筋混凝土过梁有现浇和预制两种，梁高及配筋由计算确定。为了施工方便，梁高应与砖的皮数相适应，以方便墙体连续砌筑，故常见梁高为 60mm、120mm、180mm、240mm，即 60mm 的整倍数。梁宽一般同墙厚，梁两端支承在墙上的长度不少于 240mm，以保证足够的承压面积，如图 2-38 所示。

钢筋混凝土过梁的断面形式有矩形和 L 形，如图 2-39 所示。为简化构造、节约材料，可将过梁与圈梁、悬挑雨篷、窗楣板或遮阳板等结合起来设计。如在南方炎热多雨地区，常从过梁上挑出 300~500mm 宽的窗楣板，既保护窗户不淋雨，又可遮挡部分直射太阳光。

图 2-38　钢筋混凝土过梁的搁置

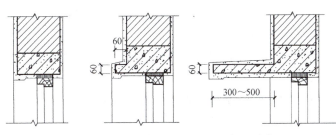

图 2-39　钢筋混凝土过梁不同断面形式

砖拱过梁、钢筋砖过梁是我国传统的过梁形式，由于承载力低，对地基不均匀沉降和振动荷载、集中荷载较敏感，对抗震不利，跨度受限等原因，在工程中已较少采用。随着建筑技术的发展和对建筑结构要求的提高，目前工程中应用较多的是钢筋混凝土过梁。

4. 圈梁

（1）圈梁的设置要求

圈梁又称为腰箍，是沿外墙、内纵墙和主要横墙设置的处于同一水平面内的连续封闭梁。圈梁可以提高建筑物的空间刚度和整体性，增加墙体稳定性，减少由于地基不均匀沉降引起的墙体开裂，并防止较大振动荷载对建筑物的不良影响。在抗震设防地区，设置圈梁是减轻震害的重要构造措施。

（2）圈梁的构造

圈梁有钢筋砖圈梁和钢筋混凝土圈梁两种。

钢筋砖圈梁就是将前述的钢筋砖过梁沿外墙和部分内墙连通砌筑而成，多用在非抗震区。钢筋混凝土圈梁宽度一般与墙厚相同；高度不小于 120mm，常见的有 180mm 和 240mm。钢筋混凝土外墙圈梁顶一般与楼板相平，内墙预制楼板的圈梁一般在楼板之下。

钢筋混凝土圈梁被门窗洞口截断时，应在洞口部位增设相同截面的附加圈梁。附加圈梁与圈梁的搭接长度不应小于垂直间距的两倍，并不小于 1m，如图 2-40 所示。

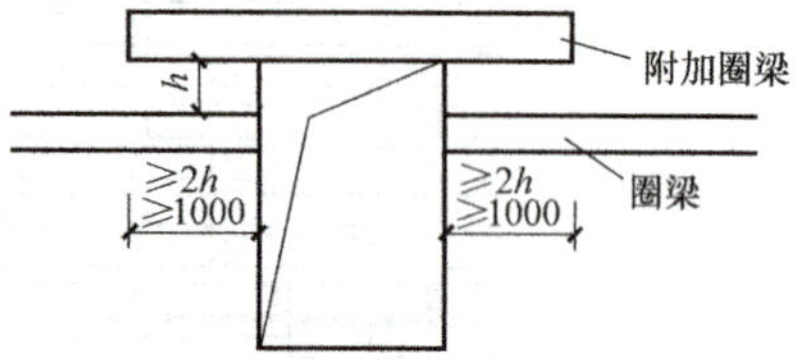

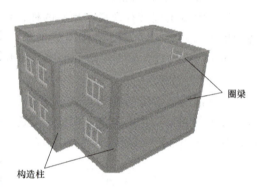

图 2-40 附加圈梁

5. 构造柱

为了提高砖混结构的整体性和稳定性，以增强建筑物的抗震能力，除了设置圈梁外，还应加设钢筋混凝土构造柱。钢筋混凝土构造柱从竖向加强墙体的连接，与圈梁一起构成空间骨架，提高了建筑物的整体刚度和墙体抵抗变形的能力，使建筑物做到裂而不倒，如图 2-41 所示。

（1）构造柱的设置原则

构造柱是从抗震角度考虑设置的，一般应设置在以下三个位置：外墙转角处、内外墙交接处及楼梯间的四角。

（2）构造柱的构造特点

1）构造柱的截面不应小于 180mm×240mm，主筋规格不小于 4ϕ12。

2）施工时，应先放构造柱的钢筋骨架，再砌砖墙，最后浇筑混凝土。这样做的好处是结合牢固，节省模板。

图 2-41 圈梁和构造柱共同作用

3）构造柱处墙体宜砌成马牙槎形式，即每 300mm 高伸出 60mm，然后每 300mm 高再收回 60mm。

4）构造柱的下部应伸入地梁内，无地梁时应伸入室外地坪下 500mm 处，构造柱的上部应伸入顶层圈梁，以形成封闭的骨架。

5）构造柱与墙之间应沿墙高每 500mm 设 2ϕ6 拉结钢筋，每边伸入墙内不少于 1m，如图 2-42 所示。

四、墙体的设计要求

进行墙体设计时，应该依照其所处位置和功能不同，分别满足以下的要求：

1. 满足强度要求

强度是指墙体承受荷载的能力，它与所采用的材料以及同一材料的强度等级有关。作为承重墙的墙体，必须具有足够的强度，以确保结构的安全。

2. 满足稳定性要求

墙体的稳定性与墙的高度、长度和厚度有关。高而薄的墙稳定性差，矮而厚的墙稳定性好；长而薄的墙稳定性差，短而厚的墙稳定性好。

3. 满足建筑节能要求

墙体作为外围护结构，对房屋的使用能耗有较大影响，为贯彻国家的节能政策，墙体必

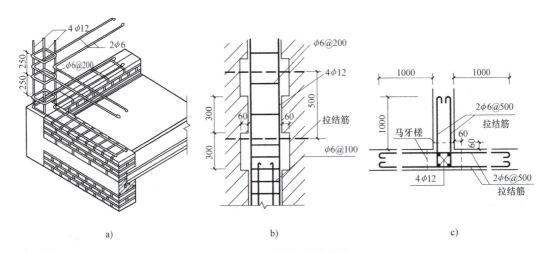

图 2-42　砖砌体中的构造柱

a）外墙转角处　b）内外墙交接处　c）构造柱纵剖面

须通过建筑设计和构造措施来满足保温、隔热方面的要求，以达到节约能源、改善室内环境的目的。

1）对有保温要求的墙体，要提高其热阻，通常采取以下措施：

① 增加墙体的厚度。墙体的热阻与其厚度成正比，要提高墙身的热阻，可增加其厚度。

② 选择热导率小的墙体材料。要增加墙体的热阻，宜选用热导率小的保温材料，如泡沫混凝土、加气混凝土、陶粒混凝土、膨胀珍珠岩、膨胀蛭石、氟石及氟石混凝土、泡沫塑料、矿棉及玻璃棉等。其保温构造有单一材料的保温结构和复合保温结构之分。

③ 设置隔汽层。为防止墙体产生内部凝结水，常在墙体的保温层靠高温一侧（即水蒸气渗入的一侧）设置一道隔汽层。隔汽层材料一般采用沥青、卷材、隔汽涂料以及铝箔等防潮、防水材料。

2）要满足墙体的隔热要求，通常采取的措施有：

① 外墙采用浅色、平滑的外饰面，如白色外墙涂料、浅色墙地砖、金属外墙板等，以反射太阳光，减少墙体对太阳辐射的吸收。

② 在外墙内部设通风间层，利用空气的流动带走热量，降低外墙内表面温度。

③ 在窗口外侧设置遮阳设施，以遮挡太阳光直射室内。

④ 在外墙外表面种植攀缘植物使其遮盖整个外墙，吸收太阳辐射热，从而起到隔热作用。

4. 满足隔声的要求

为保证室内有一个良好的声学环境，墙体必须具有足够的隔声能力。设计中要满足规范对不同类型建筑、不同位置墙体的隔声要求。墙体隔声主要是隔离由空气直接传播的噪声，一般采取以下措施：

1）加强墙体缝隙的填密处理。

2）增加墙厚和墙体的密实性。

3）采用有空气间层的多孔材料夹层墙。

4）尽量利用垂直绿化来降噪。

5. 满足防火要求

建筑墙体的材料及厚度，应满足有关防火规范中对燃烧性能和耐火极限的规定。当建筑的单层建筑面积或长度达到一定指标时，应划分防火分区，以防止火灾蔓延。防火分区一般用防火墙进行分隔。

此外，对墙体的设计还应根据实际情况，考虑墙体的防潮、防水、防辐射及经济性等各方面的要求。

2.1.3 楼地层

学习目标：通过学习楼地层的建筑构造组成，掌握楼板层和地坪层的构造与组成，掌握地面防潮与楼面防水的做法，了解阳台和雨篷的基本构造。

一、楼地层的构造组成

1. 楼板层的组成

为了满足楼板层的使用要求，楼板层一般由面层、附加层、结构层和顶棚组成，如图2-43所示。

楼板层构造

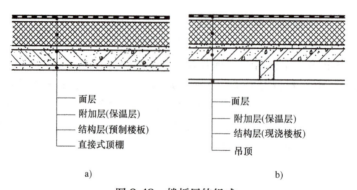

a) b)

图2-43 楼板层的组成

a）预制钢筋混凝土楼板层 b）现浇钢筋混凝土楼板层

（1）面层

面层又称为楼面，既是楼板层上表面的构造层，也是室内空间下部的装修层。面层对结构层起保护作用，使结构层免受损坏，同时也起装饰室内的作用。

（2）附加层

附加层通常设在面层和结构层之间，有时也在结构层和顶棚之间，主要有管线敷设层、防水层、隔声层、保温层或隔热层等。管线敷设层是用来敷设水平管线的构造层；防水层是用来防止水渗透的构造层；隔声层是为隔绝撞击声而设的构造层；保温层或隔热层是改善热工性能的构造层。

（3）结构层

结构层位于面层和顶棚之间，是楼板层的承重部分。结构层承受楼板层上的全部荷载，并对楼板层的隔声、防火起主要作用。

（4）顶棚

楼地层（顶棚）

顶棚又称为天花板、天棚，既是楼板层下表面的构造层，也是室内空间上部的装修层。顶棚的主要作用是保护楼板、装饰室内、安装灯具、敷设管线等。

2. 地坪层的组成

地坪层的基本组成有面层、垫层和基层，有时地坪层为满足其他功能要求，往往还需增加附加层，如图 2-44 所示。

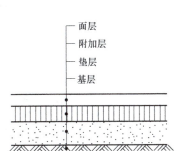

地坪层构造

（1）面层

面层又称为地面，是地坪层最上面、人们直接接触的部分，起保护垫层和装饰室内的作用。面层的材料和做法应根据室内的使用要求、耐久性要求和装修要求来确定。

（2）垫层

垫层是承受面层荷载并将其均匀传递给基层的构造层，分为刚性垫层和柔性垫层两类。刚性垫层有足够的整体刚度，受力后变形很小，常用的材料有低强度等级的素混凝土、碎砖三合土等。柔性垫层整体刚度很小，受力后易产生塑性变形，常用的材料有砂、碎石、炉渣等。

图 2-44　地坪层的组成

（3）基层

基层是最终承受荷载的土层，一般为原土层，若土层较差时，可掺入碎砖、石子并夯实。

（4）附加层

附加层主要是为满足某些特殊使用功能要求而设置的某些层次，如结合层、防水层、保温层、管线敷设层等。

二、楼板的分类

根据所采用材料的不同，楼板可分为木楼板、压型钢衬板组合楼板以及钢筋混凝土楼板等多种形式，如图 2-45 所示。

木楼板具有自重轻、构造简单、吸热系数小等优点，但耐久和耐火性能较差，除林区外现已极少采用。

压型钢衬板组合楼板是以压型钢板为衬板与混凝土浇筑在一起构成的楼板，如图 2-46 所示。这种楼板具有承载能力大、刚度大、整体性好、施工方便，且有利于各种管线的敷设等优点，适用于大空间建筑和高层建筑；但其耐火性和耐腐蚀性不如钢筋混凝土楼板，且用钢量较大，造价较高。

钢筋混凝土楼板强度高、刚度大、耐久和耐火性能好，且混凝土可塑性大，能浇筑成各种形状和尺寸，因而被广泛采用。钢筋混凝土楼板按施工方式又分为现浇钢筋混凝土楼板、预制装配式钢筋混凝土楼板和装配整体式钢筋混凝土楼板三种。

1. 现浇钢筋混凝土楼板

现浇钢筋混凝土楼板是在现场支模板、绑扎钢筋、浇捣混凝土，经养护而成的。这种楼板具有成型自由、整体性和防水性好的优点；但模板用量大、工期长、工人劳动强度大，且施工受季节的影响较大。

现浇钢筋混凝土楼板根据受力和传力情况分为板式楼板、梁板式楼板、井式楼板、无梁

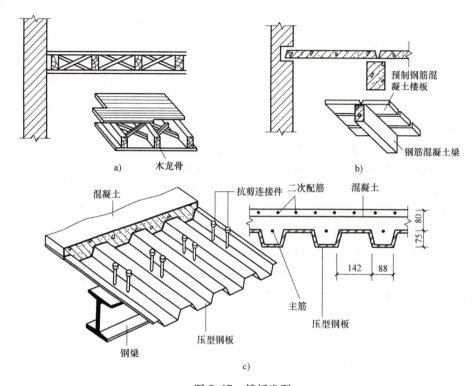

a）　木龙骨　　　　　　　　　　　b）

图 2-45　楼板类型

a）木楼板　b）钢筋混凝土楼板　c）压型钢衬板组合楼板

楼板和压型钢板组合楼板等，如图 2-47 所示。

（1）板式楼板

板内不设梁而直接支撑在墙上，这种楼板称为板式楼板。板式楼板具有底面平整、便于施工支模的优点；但板跨超过一定范围时不经济，因而多用于平面尺寸较小的房间，如住宅中的厨房、卫生间，公共建筑中的走廊等。

（2）梁板式楼板

当房间的跨度较大时，若仍采用板式楼板，会因板跨较大而增加板厚，这不仅使材料用量增多，板的自重加大，而且使板的自重在楼面荷载中所占的比重

图 2-46　压型钢衬板组合楼板

增加。为了使楼板结构的受力和传力更为合理，应采取措施减小板跨，通常可在板下设梁来

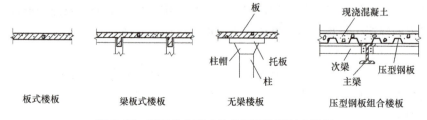

图 2-47　不同传力形式的现浇钢筋混凝土楼板

增加板的支点，从而减小板跨。由梁、板组合而成的楼板称为梁板式楼板（又称为肋形楼板）。梁板式楼板通常在纵横两个方向都设置梁，如图 2-48 所示，有主梁和次梁之分。主梁支承在墙或柱上；次梁则垂直于主梁布置，支承在主梁上；板支承在次梁上。

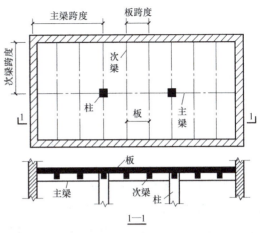

（3）井式楼板

当房间尺寸较大并接近正方形时，常沿两个方向布置等距离、等截面的梁，从而形成井格式的梁板结构，如图 2-49 所示，称为井式楼板，它是梁板式楼板的一种特殊布置形式。这种结构无主、次梁之分，中部不设柱子，梁通常采用正交正放或正交斜放的布置形式，由于布置规整，具有较好的装饰性，常被用于公共建筑的门厅和大厅。

图 2-48　梁板式楼板

（4）无梁楼板

对平面尺寸较大的房间或门厅，有时楼板也可以直接支撑在柱上，不设梁，这种楼板称为无梁楼板，分为有柱帽和无柱帽两种类型。当楼面荷载较小时，可采用无柱帽无梁楼板；当楼面荷载较大时，为避免楼板太厚，应采用有柱帽无梁楼板，如图 2-50 所示。无梁楼板的柱网一般宜布置为方形，柱距以 6m 左右较为经济。由于板跨较大，板厚不宜小于 150mm。这种楼板多用于荷载较大的展览馆、商店、仓库等建筑。

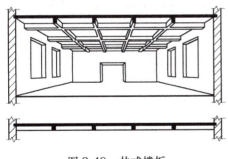

图 2-49　井式楼板

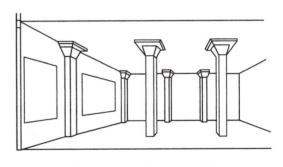

图 2-50　无梁楼板（有柱帽）

2. 预制装配式钢筋混凝土楼板

预制装配式钢筋混凝土楼板是指由在预制构件加工厂制作的钢筋混凝土楼板现场装配而成的楼板。这种楼板不在施工现场浇筑混凝土，可节省模板、缩短工期，而且施工不受季节限制，有利于实现建筑工业化；但整体性较差，对抗震设防要求较高的地区应慎用。

预制装配式钢筋混凝土楼板有预应力和非预应力两种。预应力预制装配式钢筋混凝土楼板是指在预制加工中，预先施加一个压应力，在安装受力以后，板所受到的拉应力和预先施加的压应力平衡。预应力预制装配式钢筋混凝土楼板的抗裂性和刚度均好于非预应力预制装配式钢筋混凝土楼板，且板型规整、节约材料、自重小、造价低。预应力预制装配式钢筋混凝土楼板和非预应力预制装配式钢筋混凝土楼板相比，可节约钢材 30%～50%，节约混凝土 10%～30%。

预制装配式钢筋混凝土楼板常用类型有实心平板、空心板、槽形板三种，如图 2-51 所示。

 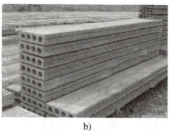 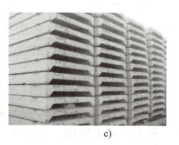

a)　　　　　　　　　　b)　　　　　　　　　　c)

图 2-51　预制装配式钢筋混凝土楼板的常用类型

a）实心平板　b）空心板　c）槽形板

预制装配式钢筋混凝土楼板应有足够的搁置长度。板在梁上的搁置长度应不小于 80mm，支承于内墙上时搁置长度应不小于 100mm，支承于外墙上时搁置长度应不小于 120mm。铺板前，先在墙或梁上用 20mm 厚的 M5 水泥砂浆找平（坐浆），然后再铺板，使板与墙或梁有较好的连接，同时也使墙体受力更均匀。楼板与墙体、楼板与楼板之间常用锚固钢筋（又称为拉结筋）予以锚固。

在进行板的结构布置时，一般要求板的规格、类型越少越好。安装预制板时，为使板缝灌浆密实，要求板块之间离开一定距离，以便填入细石混凝土。板的接缝有端缝和侧缝两种，端缝一般以细石混凝土灌注，使其相互连接。对整体性要求较高的建筑，可在板缝配筋或用短钢筋与预制吊钩焊接，如图 2-52 所示。侧缝一般有 V 形缝、U 形缝、凹槽缝三种形式，如图 2-53 所示，常见的为 V 形缝。凹槽缝的受力状态最好，但灌缝较困难。

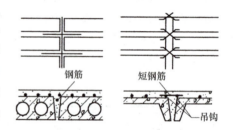

图 2-52　对整体性要求较高时的板缝处理

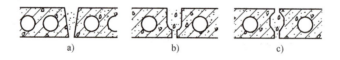

a)　　　　　　　　b)　　　　　　　　c)

图 2-53　预制装配式钢筋混凝土楼板板缝处理

a）V 形缝　b）U 形缝　c）凹槽缝

3. 装配整体式钢筋混凝土楼板

装配整体式钢筋混凝土楼板是在楼板中预制部分构件，然后在现场安装，再以整体浇筑的办法连接而成，或在现浇（亦可预制）密肋小梁之间安放预制空心砌块并现浇面层制成，它们兼有整体性强和节省模板等特点。

叠合楼板是由预制薄板（预应力）与现浇混凝土层叠合而成的装配整体式钢筋混凝土楼板，又称为预制薄板叠合楼板，如图 2-54 所示。这种楼板以预制混凝土薄板为永久模板承受施工荷载，板面现浇混凝土叠合层，所有楼板层中的管线等均预先埋在叠合层内，现浇层内只需配置少量支座负筋。叠合楼板上下表面十分平整，便于面层装修，整体性好，刚度大，适用于对整体刚度要求较高的高层建筑和大开间建筑。

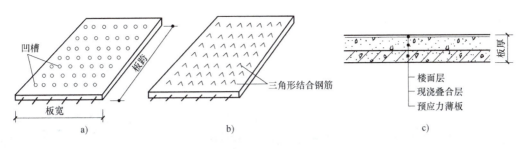

图 2-54　叠合楼板

a）预制薄板的板面刻槽　b）预制薄板的板面露出三角形结合钢筋　c）叠合楼板的组成

三、地面防潮与楼面防水

1. 地面防潮

地面与土层直接接触，土壤中的水分会因毛细作用上升而引起地面受潮，严重影响室内卫生和使用，因此需对地面做防潮处理。

在地面垫层和面层之间加设防潮层，可以有效阻止地下潮气上升，形成防潮地面，如图 2-55 所示。防潮层的一般构造为：先刷冷底子油一道，再铺设热沥青、油毡等防水材料，以阻止潮气上升。也可在垫层下均匀铺设卵石、碎石或粗砂等，以切断毛细水的上升通道。

架空地面也可使地面有效防潮，具体做法是：将木地板搁置在地垄墙上，将地面架空，使地面结构层与回填土之间有一定距离，形成通风间层；同时，利用建筑的室内外高差，在接近室外地面的墙上留出通风洞，带走地下潮气，避免地下潮气像实铺地面那样直接影响底层地面，如图 2-56 所示。

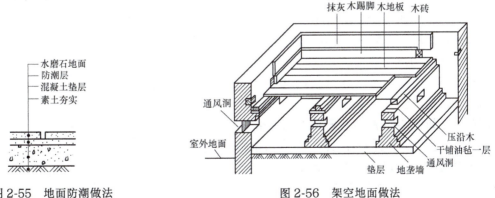

图 2-55　地面防潮做法　　　　　　　图 2-56　架空地面做法

2. 楼面防水

建筑物内的厕所、淋浴间、阳台等由于使用功能的要求，往往容易积水，处理不当容易发生渗水、漏水现象。为了不影响房屋的使用，应做好楼面防水处理。

用水频繁的房间，楼板应以现浇为宜。为了排水通畅，需在楼面设置一定的坡度，一般为 1%~1.5%，并在最低处设置地漏。为了防止积水外溢，有水房间的楼地面标高应比相邻房间或走廊低 20~30mm，或在门口做 20~30mm 高的挡水门槛。

对防水要求较高的地方，可在楼板面层与结构层之间设置防水层一道（常见的防水层材料有防水卷材、防水砂浆或防水涂料），并将防水层沿房间四周向上翻起 100~150mm。当遇到开门处，防水层应铺出门外至少 250mm，如图 2-57 所示。

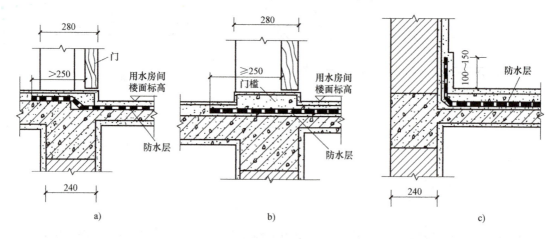

图 2-57　用水房间地面构造

a) 防水层铺出门外（用水房间楼面标高降低）　b) 防水层铺出门外（设置门槛）　c) 防水层上翻

当有立管穿越楼板层时，一般在管道穿过的周围用 C20 干硬性细石混凝土捣固密实，再以卷材或防水涂料做密封处理。热力管道穿越楼板时，为防止温度变化出现热胀冷缩，致使管壁周围漏水，应在穿越处埋设比热力管道直径稍大的套管，套管高出楼面约 30mm。

四、阳台和雨篷

楼地层（阳台、雨篷）

1. 阳台

阳台是建筑物室内的延伸，泛指有永久性上盖、有围护结构、有台面、与房屋相连、可供人员活动和利用的房屋附属设施。另外，良好的阳台造型设计还可以增加建筑物的外观形象，如图 2-58 所示。

（1）阳台的形式

根据阳台的封闭情况分为非封闭阳台和封闭阳台；根据阳台与主墙体的关系分为挑阳台和凹阳台，如图 2-59 所示。阳台四周一般设栏板或栏杆，便于人们在阳台上休息或存放杂物。

阳台通常采用钢筋混凝土制作，挑出长度为 1.5m 左右。阳台常见的结构形式有挑板式、挑梁式两种，如图 2-60 所示。如果挑出长度不大，在 1.2m 以下时，可以将楼板延伸挑出墙外，称为挑板式；当挑出长度较大时，一般需要先有悬臂梁，再由其来支承板，称为挑梁式。

图 2-58　阳台

（2）阳台的细部构造

1）栏杆。阳台的栏杆是阳台的围护结构，应有足够的强度和适当的高度，以保证使用安全。低层、多层住宅栏杆、扶手的高度不应低于 1.05m，高层建筑不应低于 1.1m。另外，栏杆、扶手还兼起装饰作用，应考虑美观要求。

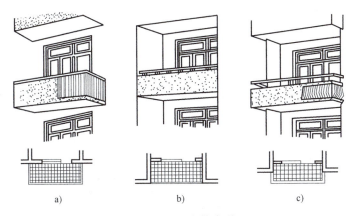

图 2-59　阳台的类型

a）挑阳台　b）凹阳台　c）半挑半凹阳台

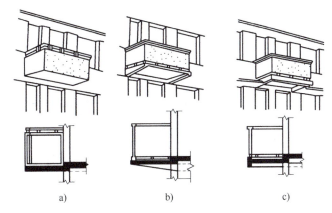

图 2-60　挑板式阳台和挑梁式阳台

a）挑板式阳台　b）挑梁式阳台（梁底倾斜）　c）挑梁式阳台（梁底平齐）

　　从外形上分类，栏杆有空花栏杆（图 2-61）、实心栏杆（图 2-62）及二者组合而成的组合式栏杆；从材料上分类，栏杆有金属栏杆、钢筋混凝土栏杆和木质栏杆等。其中，金属栏杆一般采用圆钢、方钢、扁钢或钢管等。

图 2-61　木质空花栏杆

图 2-62　玻璃实心栏杆

　　金属栏杆与阳台板（或面梁）、扶手的连接，可通过预埋件焊接或预留孔洞插接；扶手为非金属不便直接焊接时，可在扶手内设预埋件与栏杆焊接。现浇混凝土栏杆经立模、扎筋后，可与阳台板或面梁、挑梁、扶手一道整浇。

2）排水处理。为避免落入阳台的雨水泛入室内，阳台的地面应较室内地面低 20mm，并应沿排水方向做排水坡。阳台的排水分为外排水和内排水，外排水适用于低层建筑，即阳台的地面向两侧做出 0.5% 的坡度，阳台外侧设置泄水管将水排出。泄水管可采用直径 40~50mm 的镀锌铁管或塑料管，外挑长度不少于 80mm，以防落水溅到下面的阳台上，如图 2-63 所示。内排水适用于多层或高层建筑，一般是在阳台内侧设置地漏和排水立管，将积水引入地下管网，如图 2-64 所示。

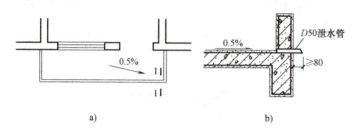

图 2-63　阳台外排水
a）平面图　b）1—1 剖面图

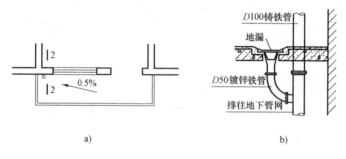

图 2-64　阳台内排水
a）平面图　b）2—2 剖面图

2. 雨篷

雨篷位于建筑物出入口上方，用于遮挡雨水，并具有一定装饰性，如图 2-65 所示。

雨篷尺寸不大时常用钢筋混凝土悬挑构件，有板式和梁板式两种形式，悬挑长度一般为 1~1.5m。由于雨篷所受的荷载较小，因此板式雨篷多做成变截面，考虑受力和排水坡度，一般板的根部厚度不小于 70mm，端部厚度不小于 50mm。对梁板式雨篷，为保证雨篷底部平整，常将雨篷的梁翻到上部，呈反梁结构。

图 2-65　钢筋混凝土雨篷

为防止雨篷倾覆，常将雨篷与入口处的门过梁或圈梁整浇在一起。

雨篷顶面应做好防水和排水处理，通常采用防水砂浆抹面，厚度一般为 20mm，并应沿墙根向上做成泛水，高度不小于 250mm，同时还应沿排水方向做出排水坡，如图 2-66a 所示。对于反梁式梁板结构雨篷，根据立面排水需要，通常沿雨篷外缘做挡水边坎，并在一端或两端设泄水管，其构造同阳台泄水管，如图 2-66b 所示。

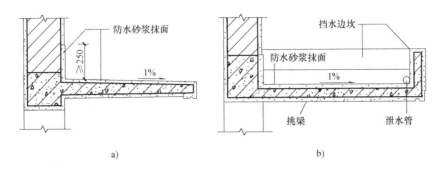

图 2-66　雨篷构造
a）板式雨篷　b）反梁式梁板结构雨篷

如果雨篷挑出尺寸过大，也可采用悬挂式结构，悬挂的雨篷一般采用装配构件，骨架以钢构件居多，雨篷面板常采用玻璃，这种造型通透华丽，具有现代感，能起到很好的装饰效果，如图 2-67 所示。

图 2-67　悬挂式雨篷

2.1.4　楼梯

学习目标：通过学习楼梯的建筑构造组成，熟悉楼梯的分类，掌握楼梯的设计方法，熟悉钢筋混凝土楼梯的类型，了解台阶与坡道的基本构造。

在建筑中，楼梯是联系上下层的垂直交通设施。楼梯应满足人们日常的垂直交通、搬运家具设备和紧急情况时安全疏散的要求，其数量、位置、平面形式应符合有关规范和标准的要求，同时由于楼梯对建筑具有装饰作用，还应考虑楼梯对建筑整体空间效果的影响。

一、楼梯的分类及组成

1. 楼梯的分类

1）根据楼梯的材料可分为钢筋混凝土楼梯、钢楼梯、木楼梯和组合材料楼梯。

楼梯的组成、分类

2）根据楼梯的位置可分为室内楼梯和室外楼梯。

3）根据楼梯的使用性质可分为主楼梯、辅助楼梯、疏散楼梯及消防楼梯。

4）根据楼梯的平面形式可分为直跑楼梯、双跑折角楼梯、双跑平行楼梯、双跑直楼梯、三跑楼梯、四跑楼梯、双分式楼梯、双合式楼梯、八角形楼梯、圆形楼梯、螺旋楼梯、弧形楼梯、剪刀式楼梯、交叉式楼梯等，如图 2-68 所示。

楼梯的平面形式是根据其使用要求，建筑平面、空间的特点，建筑的性质和楼梯在建筑中的位置等因素确定的。比如，在民用住宅、医院、教学楼、商场等公共建筑中常用双跑平

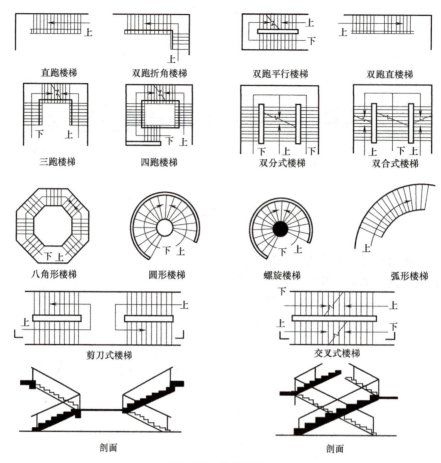

直跑楼梯　　双跑折角楼梯　　双跑平行楼梯　　双跑直楼梯

三跑楼梯　　四跑楼梯　　双分式楼梯　　双合式楼梯

八角形楼梯　　圆形楼梯　　螺旋楼梯　　弧形楼梯

剪刀式楼梯　　交叉式楼梯

剖面　　剖面

图 2-68　楼梯的分类

行楼梯。三跑楼梯、双分式楼梯、双合式楼梯等是根据建筑使用要求在双跑平行楼梯的基础上演变而成的。在公共建筑和酒店大厅等处，为了达到美观、大方的装饰效果，可以采用螺旋楼梯或弧形楼梯。由于螺旋楼梯、弧形楼梯的踏步为扇面形式，交通能力较差，一般不用于安全疏散，如果用于疏散用途，则踏步尺寸应满足相关规范要求。

2. 楼梯的组成

楼梯主要由楼梯段、楼梯平台、栏杆和扶手组成，如图 2-69 所示，楼梯的尺度与建筑功能、使用性质和人流量等因素相关。楼梯的宽度、数量和间距除满足使用要求外，还应满足建筑消防、防火的相关规定。

（1）楼梯段

楼梯段是楼梯的主要组成部分，由若干踏步构成，从地面或楼梯平台到相邻平台为一个楼梯段，规范规定每个楼梯段的踏步数量宜为 3～18 步。

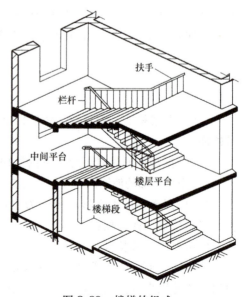

扶手
栏杆
中间平台
楼层平台
楼梯段

图 2-69　楼梯的组成

（2）楼梯平台

楼梯平台根据其位置不同，一般分为楼层平台和中间平台两种。前者位于楼层处，其标高与楼层一致，主要用于人流的缓冲；后者位于两楼层之间，主要用于楼梯段的转折连接，同时为上下楼的人提供休息空间，因此又称为休息平台。

（3）栏杆和扶手

栏杆是楼梯的安全设施，一般设在楼梯段临空侧和平台临空边，要求坚固、可靠，要按规定设置足够的安全高度和杆间宽度。楼梯段宽度较大时，还应根据相关规定在楼梯段中部加设栏杆。栏杆上部起固定栏杆作用，同时供人们上楼扶持用的连续配件称为扶手。

二、楼梯的设计方法

楼梯设计主要包括平面设计和剖面设计两部分。楼梯平面设计的主要内容是楼梯段宽度、平台宽度和楼梯段长度的确定；楼梯剖面设计主要包括踏步尺寸和数量的确定以及坡度的选择。其中，楼梯平面设计与楼梯间的开间、进深和建筑物的层高有关，当楼梯间尺寸确定后，根据建筑物的层高即可进行楼梯平面设计。楼梯剖面设计与楼梯净空高度有关，当楼梯的楼梯段或平台处的净空高度不足时，需要采取相应措施进行设计调整。

楼梯的设计要求

1. 楼梯平面设计

（1）楼梯段和平台宽度计算

楼梯段和平台是楼梯满足人们通行和物品搬运要求的核心部分，主要根据人流股数（即通行人数的多少）进行宽度的确定。规范规定，在计算通行量时每股人流按 0.55m+（0~0.15）m 计算，其中（0~0.15）m 是指人在行进时的摆幅，同时考虑携带物品的情况。通常情况下楼梯的净宽（即扶手中心线至楼梯间墙面的水平距离）应满足：供单人通行时不小于900mm，供双人通行时为 1100~1400mm，供三人通行时为 1650~2100mm，如图 2-70 所示。

在实际中往往根据楼梯间的宽度和楼梯形式确定楼梯段的净宽度，以双跑楼梯为例，当楼梯间开间净宽为 A 时，则梯段的净宽度 B 为

$$B=\frac{A-C}{2}$$

式中　C——两楼梯段之间的净宽（即梯井宽度），根据《建筑设计防火规范》（GB 50016—2014）的规定，建筑内的公共疏散楼梯，其两楼梯段及扶手之间的水平净距不宜小于 150mm；对于有儿童经常使用的楼梯，当梯井宽度大于200mm 时，必须采取安全措施，防止儿童坠落。

为了搬运家具设备的方便和通行的需要，楼梯平台宽度 D 不应小于楼梯段净宽 B，即 D≥B。《民用建筑设计统一标准》（GB 50352—2019）规定，楼梯段改变方向时，扶手转向端处的平台最小宽度不应小于楼梯段净宽，并不得小于 1.20m。楼梯段宽度与平台宽度的关系如图 2-71 所示。

（2）楼梯段长度计算

楼梯段的长度取决于踏步的数量，计算楼梯段长度的主要目的是为了检查平台宽度与踏面宽度是否符合规定，同时验算楼梯间进深是否满足设计要求。如双跑平行楼梯，当踏步数量 N 已知，如图 2-72 所示，其楼梯段长度 L 为

$$L=(N/2-1)b$$

式中 （N/2−1）——楼梯段的踏面宽度在平面上的数量，由于平面上平台内已包含一级踏步宽度，故计算时必须减去1；

b——楼梯踏面的宽度。

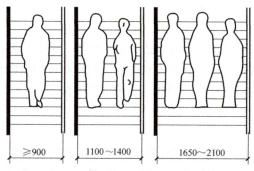

图2-70 楼梯段宽度和人流股数的关系

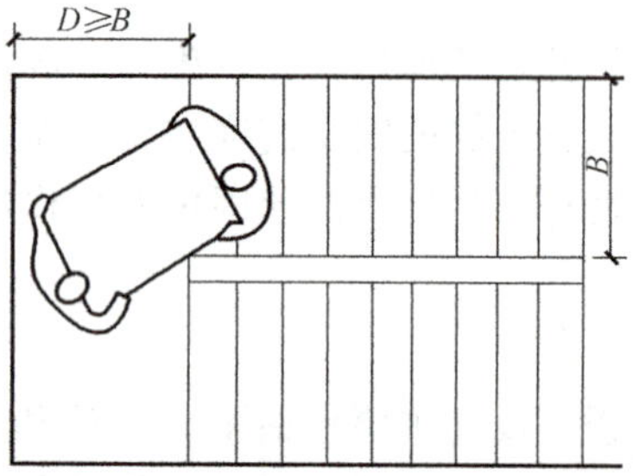

图2-71 楼梯段宽度与平台宽度的关系

2. 楼梯剖面设计

（1）踏步尺寸和数量的确定

踏步是由踏面和踢面组成的，如图2-73所示，两者一般相互垂直。供人们行走时踏脚的水平面称为踏面，与踏面垂直的平面称为踢面，踏面与踢面之间的尺寸关系决定了楼梯的坡度。工程上一般要求踏面的宽度大于成年男子脚的长度，以保证足够的落脚平面宽度。踏面的宽度可决定踢面的高度，工程上常用下面的经验公式来计算踏步的尺寸：

$$2h+b=600\sim620\mathrm{mm}$$

式中 h——踢面高度；

b——踏面宽度；

600~620mm——人行走时的平均步距。

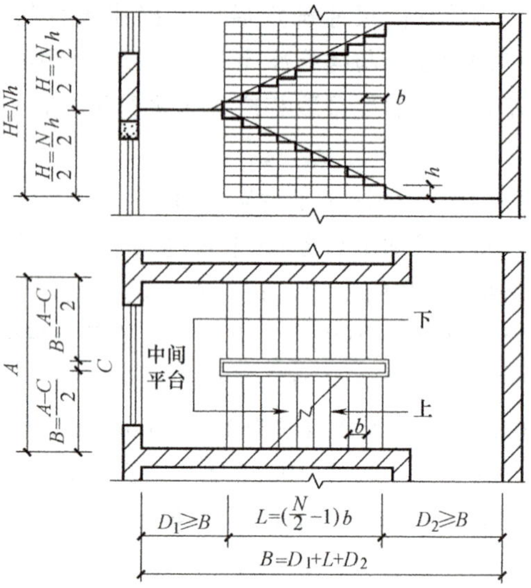

踏步尺寸还需结合建筑物功能、楼梯的人流量和使用对象进行选择，具体规定见表2-2。

踏步尺寸初定后，可以根据建筑物的层高H，利用计算式：踏步数量（N）=层高（H）/踢面高度（h）来确定踏步数量。当为双跑平行楼梯（即两楼梯段踏步数量相同）时，踏步数最好为偶数，如果求得N为奇数，可以调整踢面高度h，使得N为偶数。

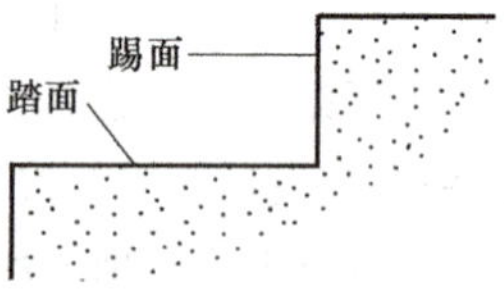

图2-72 楼梯段的尺寸计算

（2）楼梯坡度的选择

如前所述，确定了踏步尺寸也就决定了楼梯的坡度。楼梯的坡度可以用楼梯段和水平面之间的夹角表示。夹角越小，楼梯越

图2-73 楼梯踏步

平缓，行走时就较舒适。反之，行走时就较吃力。但楼梯的坡度越小，对于相同层高来说，它的水平投影面积就越大，越不经济。为了兼顾使用性和经济性，必须合理选择楼梯坡度。人流量大的建筑物，楼梯的坡度要小些，如商场、剧院等。使用人数少的楼梯，其坡度可略

表 2-2 楼梯踏步最小宽度和最大高度 （单位：m）

楼梯类别		最小宽度	最大高度
住宅公共楼梯		0.26	0.175
托儿所、幼儿园、小学楼梯		0.26	0.15
人员密集且竖向交通繁忙的建筑和大学、中学楼梯		0.28	0.16
宿舍楼梯	小学宿舍楼梯	0.26	0.15
	其他宿舍楼梯	0.27	0.165
老年人建筑楼梯		0.30	0.15
其他建筑或部位及竖向交通不繁忙的高层、超高层建筑楼梯		0.26	0.17
住宅套内楼梯、维修专用楼梯		0.22	0.20

大些，如别墅、住宅等。有时还要考虑使用对象，如幼儿园的楼梯坡度要平缓些。

　　楼梯的坡度一般以 23°～45° 为宜。一般认为 30° 左右是楼梯的适宜坡度，通常将楼梯坡度控制在 38° 以内。坡度大于 45° 时，需要借助手力扶持才能较自如地上下，此时称为爬梯。爬梯多出现在通往屋顶或电梯机房等的非公共区域。坡度为 10°～23° 时，称为台阶；小于 10° 的坡度较为平缓，做成斜面更便于通行，称为坡道。为了便于轮椅、病床车或叉车等的通行，坡道在医院、厂房等的室内外连接处出现的频率较高，市政工程中应用也较多。在建筑内由于电梯、自动扶梯的大量采用，坡道在建筑内已经很少见到。

　　（3）楼梯的净空高度

　　楼梯净空高度包括楼梯段之间的净空高度和平台下通道处的净空高度，如图 2-74 所示。

　　1）楼梯段之间的净空高度。楼梯段之间的净空高度是指楼梯段上任一踏步、踏面至上方楼梯段下表面之间的垂直距离或至上方平台（或平台梁）底面之间的垂直距离。楼梯段之间的净空高度与人体尺寸、楼梯坡度有关。

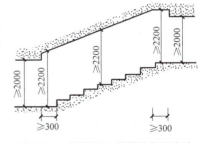

　　我国规定，楼梯段之间的净空高度不应小于 2.2m。通常，楼梯段之间的净空高度与房屋净空高度接近，工程上基本能满足大于等于 2.2m 的要求。

图 2-74 楼梯段及楼梯的净空高度

　　2）平台下通道处的净空高度。平台下通道处的净空高度是指底层地面至底层平台（或平台梁）底面的垂直距离，或是同侧相邻两平台之间的净空垂直距离。我国规定平台下通道处的净空高度不应小于 2.0m。底层平台下设通道时，其净空高度要求往往需要采取一定的措施才能满足要求：

　　① 将底层第一楼梯段增长，形成步数不等的楼梯段，如图 2-75a 所示，这时须加大进深。

　　② 保持楼梯段长度不变，降低楼梯间底层的室内地面标高，如图 2-75b 所示。

　　③ 将上述两种方法结合使用，如图 2-75c 所示。

　　④ 底层用直跑楼梯，如图 2-75d 所示，由于楼梯段太长，楼梯部分台阶经常设置在室外，并且一般需要设置中间平台。

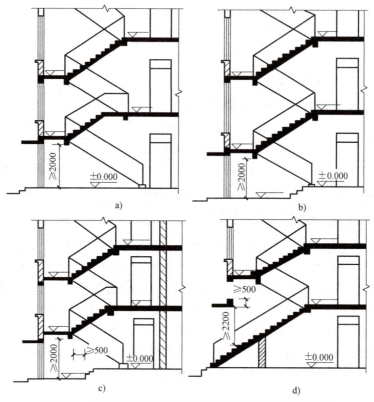

图 2-75 平台下作出入口时楼梯净空高度设计的几种方式

a) 底层长短跑 b) 局部降低底层室内地面标高 c) a) 和 b) 相结合 d) 底层用直跑楼梯

三、楼梯的安全构造措施

1. 栏杆和扶手

（1）栏杆和扶手的设置

楼梯栏杆是楼梯的重要安全设施。当楼梯段的垂直高度超过 1.0m 时，就应当在其一侧或两侧或楼梯段中间设置栏杆，具体根据楼梯段的宽度确定。扶手是用于人们上楼梯时连续扶持的构件，为人们上下楼梯提供方便。扶手一般随栏杆一起设置。楼梯应至少于一侧设扶手，楼梯段净宽达三股人流时应两侧设扶手，达四股人流时宜加设中间扶手。

楼梯栏杆和扶手的尺寸与人体尺度直接相关，应根据建筑物的性质、使用对象和栏杆、扶手的位置不同合理确定尺寸，主要包括栏杆的高度和杆间距。栏杆高度是指踏步前缘至上方扶手中心的垂直距离。《民用建筑设计统一标准》（GB 50352—2019）规定，室内楼梯扶手高度自踏步前缘线起不宜小于 0.90m。楼梯的临空处应设置防护栏杆，当临空高度在 24m 以下时，栏杆或栏板高度不应低于 1.05m；临空高度在 24m 及以上时，栏杆或栏板高度不应低于 1.10m；学校、商业、医院、旅馆、交通等建筑的公共场所中庭的栏杆或栏板高度不应低于 1.20m。住宅、托儿所、幼儿园、中小学及其他少年儿童专用活动场所的栏杆当采用垂直杆件制作栏杆时，其杆件净间距不应大于 0.11m，如图 2-76 所示。

（2）栏杆和扶手的构造

目前，建筑中采用的栏杆多用金属材料制作，如钢材、铝材、铸铁花饰等，也有用木材、混凝土制作的。通常采用相同或不同规格的金属型材焊接，形成不同的样式，在达到结构安全的同时，起到装饰作用。

栏板作为楼梯侧向安全设施，常用的材料可以是钢筋混凝土、加设钢筋网的砌体、木材、有机玻璃或钢化玻璃等。栏板表面应平整光滑、便于清洗，可以与楼梯段直接相连或通过垂直构件安装。

扶手常用的材料有木材（以优质硬木为主）、金属型材（如不锈钢管、铝合金管等）、工程塑料以及水泥砂浆抹灰、水磨石、天然石材等。扶手表面必须光滑、圆顺，给人舒适的感觉。

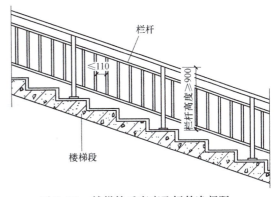

图 2-76 楼梯扶手高度及杆件净间距

栏杆与楼梯段的连接一般有三种方式，如图 2-77 所示：在楼梯段踏步上预留孔洞，栏杆插入后用细石混凝土填实固定；在对应位置设置预埋件焊接；在踏步上采用电钻钻孔，用膨胀螺栓固定铁件，将栏杆焊接在铁件上。栏杆与扶手的连接要依据两者的材料确定：金属扶手与金属栏杆焊接或铆接（图 2-78）；木质或塑料扶手与金属栏杆通过栏杆顶部的通长扁铁焊接或螺栓连接（图 2-78）；水泥砂浆抹灰扶手直接连接在砖砌栏板或混凝土栏板上；水磨石、天然石材扶手与砖砌栏板或混凝土栏板用水泥砂浆固定。

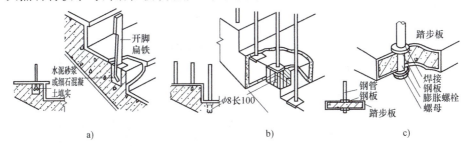

图 2-77 常见栏杆与楼梯段连接方式

a）锚接 b）焊接 c）螺栓连接

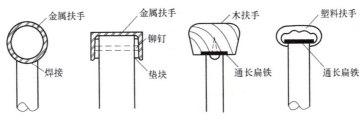

图 2-78 几种常见扶手与栏杆的连接

2. 踏步面层及防滑构造

踏步面层应便于行走、耐磨、防滑、易于清洁，并要求美观。室内楼梯常见的面层材料有水泥砂浆、水磨石、铺地面砖和各种天然石材（如大理石、花岗石等）。踏步的踏面是人们上下楼梯的支承面，在通行人流量大或踏面光滑的楼梯，行人容易拥挤滑跌，因此应在踏面适当的位置设有防滑措施，主要有防滑凹槽和金属防滑条两种，如图 2-79 所示。

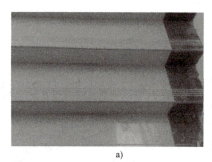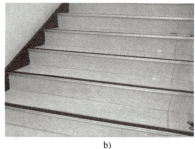

图 2-79　楼梯防滑构造

a）防滑凹槽　b）金属防滑条

四、钢筋混凝土楼梯的类型

钢筋混凝土楼梯具有良好的耐火、耐久性能，因此在民用建筑中大量采用。根据施工方式不同，钢筋混凝土楼梯分为现浇和预制装配式两大类。

楼梯详图

1. 现浇钢筋混凝土楼梯

现浇钢筋混凝土楼梯是指楼梯段、楼梯平台等整体浇筑在一起的楼梯，又称为整体式楼梯。它具有整体性能好，刚度大，利于抗震等优点；但施工速度慢、模板耗费多、施工程序较复杂。根据楼梯的传力特点不同，现浇钢筋混凝土楼梯有板式楼梯和梁式楼梯之分，如图 2-80 所示。

图 2-80　板式楼梯和梁式楼梯

（1）板式楼梯

板式楼梯的结构特点是楼梯段作为一个斜板支承在上下平台梁之间，并与平台梁整体现浇，如图 2-81a 所示。其传力途径是荷载→楼梯段→平台梁→相应支承构件（如墙体、柱

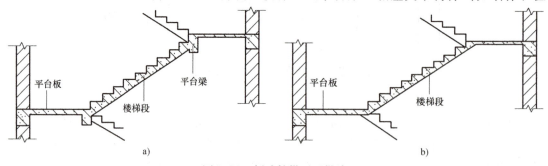

图 2-81　板式楼梯不同做法

a）有平台梁　b）无平台梁

等）。楼梯段一般看作简支斜梁进行结构计算，平台梁间距即为楼梯段的结构跨度，楼梯段内受力筋沿楼梯段长向布置。因此，当楼梯段跨度增加或使用荷载加大时，均要求增加楼梯段的厚度，从而增加混凝土和钢筋的用量。所以，板式楼梯一般适用于荷载较小、跨度不大的建筑物，如住宅、幼儿园等。

　　板式楼梯的另一种做法是取消平台梁，将楼梯段与平台板直接现浇在一起，此时板的跨度为楼梯段水平投影长度与平台进深之和，此时必须增加板的厚度。这种做法可以在必须保证平台过道处的净空高度的局部位置采用。此类楼梯又称为折板式楼梯，如图 2-81b 所示。

　　（2）梁式楼梯

　　梁式楼梯的结构特点是踏步板放置在斜梁上，斜梁支承在上下两端的平台梁上，如图 2-82 所示。其传力途径是荷载→踏步板→斜梁→平台梁→相应的支承构件（如墙体、柱等）。斜梁一般设置在楼梯段的两侧，如图 2-82a 所示。当有楼梯间时，楼梯段临空一侧设置斜梁，另一端支撑在墙上，如图 2-82b 所示。有的楼梯的斜梁设置在楼梯的中部，此时踏步板要按悬挑结构进行受力计算，如图 2-82c 所示。

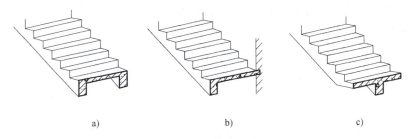

a)　　　　　　　　　　　　b)　　　　　　　　　　　　c)

图 2-82　梁式楼梯不同做法

a）两侧设梁　b）一侧设梁　c）中间设梁

　　楼梯的斜梁可以设置在踏步下面，也可设置在踏步上面。斜梁设置在踏步下面的楼梯，从楼梯段侧面能看见踏步，为明步楼梯，如图 2-83 所示。其缺点是楼梯段下部踏步与梁连接部位形成了暗角，容易积灰，楼梯段两侧也容易被污染，影响美观。斜梁在踏步上面时，楼梯段下面是平整的斜面，为暗步楼梯，如图 2-84 所示。其特点是弥补了明步楼梯的不足，但斜梁占据踏步一定的宽度，使得楼梯段的净宽变小。

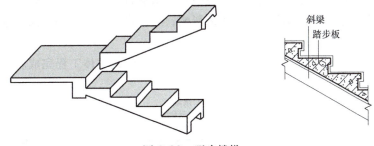

斜梁
踏步板

图 2-83　明步楼梯

2. 预制装配式钢筋混凝土楼梯

　　制作预制装配式钢筋混凝土楼梯时，先根据设计要求在工厂预制构（配）件，再按一定的施工顺序、要求等装配而成，如图 2-85 所示。由于楼梯构件在工厂生产，质量容易得到保证，施工速度快；但施工时需要相应的起重设备。预制装配式钢筋混凝土楼梯根据组成

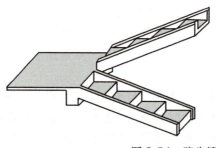

踏步板
斜梁

图 2-84　暗步楼梯

楼梯的构件尺寸及装配的程度可分为小型构件装配式和中大型构件装配式两种。

五、台阶与坡道

台阶与坡道设置在建筑入口处,如图 2-86 所示。室内外交通联系一般用台阶,当有车辆通行或有无障碍要求或室内外地面高差较小时,可采用坡道。台阶和坡道除了满足交通要求外,还应具备装饰作用,要求具有一定的美观效果。台阶和坡道是建筑主体的一部分,不允许进入道路红线。

图 2-85　预制装配式钢筋混凝土楼梯构件　　　　图 2-86　建筑室外台阶与坡道

1. 台阶

台阶构造包括基层、垫层和面层,如图 2-87 所示。基层为夯实的土层;垫层多为混凝土、碎砖混凝土或砌砖;面层一般采用水泥砂浆、水磨石、剁斧石、缸砖、天然石材等,分为整体和铺贴两大类。为了消除土壤冻胀的影响,通常将台阶下部一定深度范围内的原土换为砂垫层,严寒地区多用此法。

一般台阶在结构上与建筑主体是分开的,并且是在建筑主体工程完成后再进行台阶的施

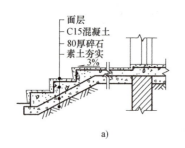
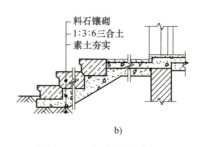
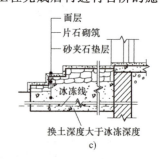

a)　　　　　　　　　　　b)　　　　　　　　　　　c)

图 2-87　台阶的构造
a) 混凝土台阶　b) 石砌台阶　c) 换土台阶

110

工，主要的原因是台阶和建筑主体在自重、承载力和构造上有很大的差异。因此，台阶与建筑主体之间要注意解决好两大问题：一是处理两者之间的沉降缝，通常的做法是在接缝处嵌入一根 10mm 厚的防腐木条，并用油膏嵌实；二是台阶应向外设置 0.5%～1% 的找坡，防止台阶上积水倒流入室内，并且台阶面层标高应低于底层室内地面标高 20mm 左右。

2. 坡道

坡道一般均采用实铺，构造要求与台阶基本相同，如图 2-88 所示。垫层的强度和厚度应根据坡道长度及上部荷载的大小进行选择，严寒地区的坡道同样需要在下部设置砂垫层，同时要注意与主体建筑的沉降问题和排水问题的处理。

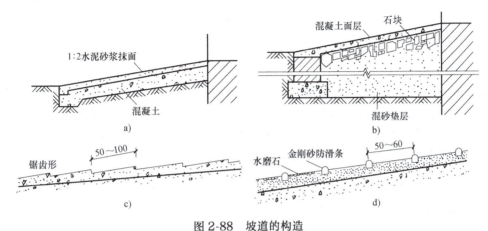

图 2-88　坡道的构造

a）混凝土坡道　b）块石坡道　c）防滑锯齿形坡道　d）防滑条坡道

2.1.5　屋顶

学习目标：通过学习屋顶的建筑构造组成，熟悉屋顶的类型及设计要求，掌握平屋顶、坡屋顶的主要构造。

一、屋顶的类型、设计要求及排水设计

屋顶是建筑物最上层的构件，具备承重、围护和美观等功能和作用，具体是承受屋面荷载（自重，风、雪荷载及施工维修时的各种荷载），抵御外界不利因素的侵袭和影响（如风、雨、雪的侵袭以及太阳的辐射等），起着承重和围护作用，屋顶的形式在一定程度上影响建筑的造型。因此，屋顶设计应满足坚固耐久、防水排水、保温隔热、形象美观、抵御外界侵蚀等要求，同时还应自重小、构造简单、施工方便及经济合理。

1. 屋顶的组成

屋顶主要由起防水、排水作用的屋面层和起骨架作用的承重结构组成。根据功能要求不同，还包括保温、隔热、隔声、防火、美观等作用的各种层次和设施。屋顶的细部构件有檐口、女儿墙、泛水、天沟、雨水口、出屋面管道和屋脊等。

2. 屋顶的形式

屋顶的形式与建筑的使用功能、屋顶材料、结构类型及建筑造型要求有关，根据屋顶的外形和坡度，屋顶可划分为平屋顶、坡屋顶和其他形式屋顶。其中，平屋顶和坡屋顶是目前

广泛采用的形式。

（1）平屋顶

平屋顶通常是指屋面坡度小于 5% 的屋顶，常用坡度范围为 2%～3%，平屋顶常见的形式如图 2-89 所示。

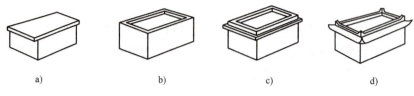

图 2-89　平屋顶常见的形式

a）挑檐　b）女儿墙　c）挑檐女儿墙　d）盂顶

（2）坡屋顶

坡屋顶是指屋面坡度超过 10% 的屋顶，常用坡度范围为 10%～60%。坡屋顶在我国有着悠久的使用历史，它容易就地取材，并且符合传统的审美观念，所以在现代建筑中也经常采用。坡屋顶有单坡、双坡、四坡、歇山等多种形式。传统建筑中的小青瓦屋顶和平瓦屋顶等屋顶形式均属于坡屋顶。坡屋顶常见的形式如图 2-90 所示。

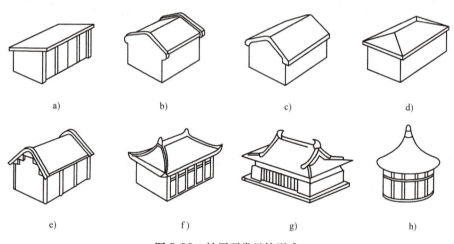

图 2-90　坡屋顶常见的形式

a）单坡顶　b）硬山两坡顶　c）悬山两坡顶　d）四坡顶　e）卷棚顶　f）庑殿顶　g）歇山顶　h）圆攒尖顶

（3）其他形式屋顶

随着建筑工业、技术的发展，出现了许多新型的空间结构形式，如拱结构、薄壳结构、悬索结构、索膜结构、网架结构和网壳结构等，这类建筑屋顶一般采用曲面屋顶。曲面屋顶一般是由各种薄壳结构、悬索结构作为屋顶承重结构的屋顶，如双曲拱屋顶、扁壳屋顶、鞍形悬索屋顶等，如图 2-91 所示。这类结构的内力分布较合理，能充分发挥材料的力学性能，因而能节约材料。但是，这类屋顶施工复杂、造价高，常用于大跨度、大空间和造型特殊的建筑。

3. 屋顶设计要求

屋顶是建筑物的重要组成部分之一，在设计时应满足以下几点要求：

（1）防水要求

屋顶防水是屋顶构造设计最基本的功能要求，主要与结构形式、防水材料、屋面坡度、

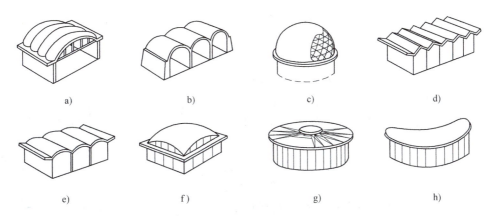

图 2-91　其他形式的屋顶

a）双曲拱屋顶　b）砖石拱屋顶　c）球形网壳屋顶　d）V形网壳屋顶

e）筒壳屋顶　f）扁壳屋顶　g）车轮形悬索屋顶　h）鞍形悬索屋顶

屋面构造等问题有关，应综合考虑各因素，采取防、排相结合的原则，有效解决并防止屋顶雨水渗漏问题。

（2）保温隔热要求

屋顶作为外围护结构，应具有良好的保温隔热性能，以达到减少能源消耗、控制室内温度、提供较适宜的居住条件的目的。我国北方寒冷地区以保温要求为主，南方炎热地区主要考虑隔热措施。

（3）结构要求

屋顶是房屋的围护结构，同时又是房屋的承重结构，用以承受作用于屋顶上的全部荷载，因此应满足强度和刚度要求，并防止因结构变形引起防水层开裂漏水。

（4）建筑艺术要求

屋顶对建筑的整体造型具有重要的影响，屋顶的形式应与建筑整体造型的构图统一协调，充分体现不同地域、不同民族的建筑特色。

4. 屋面排水设计

（1）排水坡度的形成

屋面排水坡度的形成应满足构造合理、施工方便、外形美观、不过多增加屋面荷载等要求。坡度形成方式有垫置坡度和搁置坡度两种。

1）垫置坡度，又称为材料找坡，是指将屋面板呈水平搁置，用轻质材料垫置出排水坡度。一般常用轻质材料如水泥炉渣、膨胀蛭石等，若设置保温层，也可用保温材料垫置找坡，坡度一般为 2% 左右，最薄处以不小于 30mm 厚为宜。材料找坡的室内顶棚较平整；但找坡距离较长时，材料用量多，增加了屋面荷载。

2）搁置坡度，又称为结构找坡，是指将屋面板安装在上表面倾斜的墙体或屋面梁、屋架上，坡度宜不小于 3%，其上铺设防水层。由于结构找坡不设找坡层，因而荷载较小，施工方便；但室内顶棚呈倾斜状，空间不够规整，有时需加设吊顶。

（2）屋面排水方式

屋面排水方式分为无组织排水和有组织排水两大类。

1）无组织排水。无组织排水又称为自由落水，是指屋面雨水直接从檐口落至室外地面。无组织排水构造简单、施工方便、造价低廉；但落水时会溅湿墙面，造成雨水对墙体的侵蚀，影响外墙的耐久性和美观，而且从屋檐滴落的雨水也可能影响行人。无组织排水一般用于不临街的低层建筑或降雨量小于 900mm 的少雨地区的中、低层建筑。

2）有组织排水。有组织排水是指通过排水系统，将雨水有组织地排至地面或地下管沟，如图 2-92 所示。其做法是将屋面划分成若干个排水分区，使雨水沿一定的路线进入雨水口或排水天沟，经外墙面上（外排水）或室内恰当部位（内排水）设置的雨水管排至室外地面。有组织排水构造复杂、造价较高，且易堵塞；但不易溅湿墙面，不妨碍人行交通，一般用于层数较多、降雨量较大或临街的建筑物。

图 2-92　有组织排水

在内、外排水两种方式中，一般选用外排水较好。外排水包括檐沟外排水、女儿墙外排水、女儿墙檐沟外排水，如图 2-93 所示。内排水雨水管占用室内空间，且雨水口易堵塞、倒流，故多用于大面积、多跨、高层及有特殊要求的建筑。

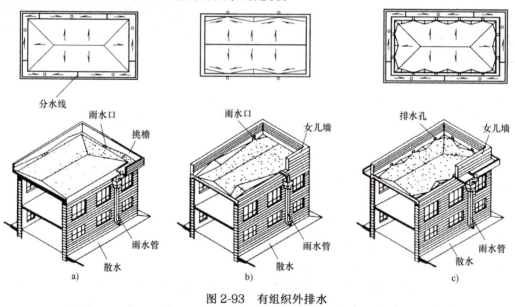

图 2-93　有组织外排水

a）檐沟外排水　b）女儿墙外排水　c）女儿墙檐沟外排水

二、平屋顶构造

1. 平屋顶的构造组成

由于地区差异、建筑功能要求的不同，各地平屋顶的构造层次也有所不同。平屋顶的构造设计中除了结构层、防水层及保护层以外，寒冷地区设保温层、炎热地区设隔热层、室内湿度大时设隔汽层，以及起过渡作用的找坡层、起找平作用的找平层，如图 2-94 所示。平屋顶的坡度一般小于 5%，上人屋面为 1%～2%，不上人屋面为 3%～5%。

2. 平屋顶的防水

屋顶的防水按材料性质分为柔性防水、刚性防水、涂料防水等。屋面防水等级的划分及相应等级防水的设防构造和材料选用，参照《屋面工程技术规范》（GB 50345—2012）的规定。

（1）柔性防水屋面

柔性防水屋面是将柔性防水卷材或片材用胶结材料粘贴在屋面上，构成一个封闭的防水覆盖层。这种防水层具有一定的伸长性，所以又称为卷材防水屋面。防水卷材的种类有沥青防水卷材（图2-95，如玻纤布胎防水

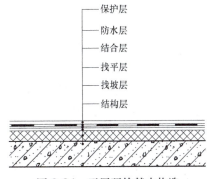

图 2-94 平屋顶的基本构造

卷材、铝箔面沥青防水卷材、麻布胎防水卷材等）、合成高分子防水卷材（图2-96，如三元乙丙橡胶防水卷材、氯化聚乙烯-橡胶共混防水卷材、聚氯乙烯防水卷材等）、改性沥青防水卷材（如弹性体改性沥青防水卷材、无规聚丙烯改性沥青防水卷材等）等。

图 2-95 沥青防水卷材

图 2-96 合成高分子防水卷材

1）柔性防水屋面构造做法：

① 结构层。结构层通常为预制或现浇钢筋混凝土屋面板，要求具有足够的强度和刚度。

② 找坡层。材料找坡时，应选择轻质材料形成所需的排水坡度，通常在结构层上铺1：（6~8）的水泥焦渣或水泥膨胀蛭石等。结构找坡的一般不设找坡层。

③ 找平层。找平层一般为15~20mm厚的1：3水泥砂浆，厚度的选择根据结构层情况和防水层材料的要求确定。

④ 结合层。结合层的作用是使卷材防水层与基层粘贴牢固，其材料有冷底子油、聚氨酯底胶、氯丁胶乳等。使用沥青卷材时，为了使第一层卷材与找平层牢固结合，需喷涂一层冷底子油（既能与沥青粘贴，又容易渗入水泥砂浆）。冷底子油是用沥青加入汽油或煤油溶剂稀释而成的，配制时不用加热，在常温下进行即可。

⑤ 防水层。防水层由防水卷材和相应的胶粘剂粘贴而成，层数和厚度由防水等级确定。卷材铺设前，基层必须干净、干燥，并涂刷与卷材配套的基层处理剂（结合层），以保证防水层与基层粘贴牢固，如图2-97所示。

⑥ 保护层。设置保护层的目的是保护防水

图 2-97 铺设防水卷材

层。保护层的材料做法，应根据防水层所用材料和屋面的利用情况确定。

不上人屋面的保护层，当采用卷材防水层时为粒径 3~6mm 的小石子，称为绿豆砂保护层；采用三元乙丙橡胶卷材防水层的直接采用银色着色剂涂刷表面；采用三元乙丙复合卷材防水层的可以不另加保护层。

上人屋面的保护层具有保护防水层和兼作地面面层的双重作用，应满足耐水、平整、耐磨等要求。上人屋面保护层通常采用水泥砂浆或沥青砂浆铺贴缸砖、大阶砖、混凝土板等，也可以现浇 40mm 厚的 C20 细石混凝土。

2）柔性防水屋面细部构造：

① 檐口构造。檐口构造有无组织排水挑檐、有组织排水挑檐沟及女儿墙檐口等。挑檐和挑檐沟应注意处理好卷材的收头固定（凹槽、钢压条、水泥钉）、檐口饰面并做好滴水。自由落水卷材屋顶檐口构造如图 2-98 所示。带挑檐沟的檐口，檐沟处要多加一层附加防水层，其檐口处的附加防水层收头处理方法一般有压砂浆、嵌油膏和水泥钉固定等，其构造如图 2-99 所示。

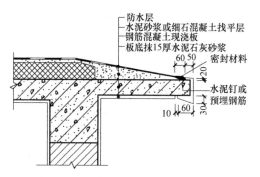

图 2-98　自由落水卷材屋顶檐口构造

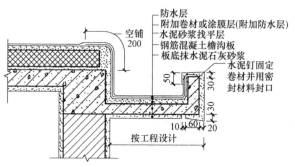

图 2-99　挑檐沟檐口构造

② 泛水构造。屋面防水层与垂直墙体（女儿墙）交接处的防水处理称为泛水。泛水的构造要点为：墙与屋面阴角抹成弧形（半径 50~100mm）或 45°斜面；为提高节点的防水能力，可加铺一层防水层；做好油毡的收头固定、嵌缝及滴水处理；泛水高度≥250mm；垂直面用水泥砂浆抹光，并刷冷底子油一层。女儿墙泛水构造如图 2-100 所示。

（2）刚性防水屋面

刚性防水屋面是以防水砂浆或防水细石混凝土等刚塑性材料作为防水层的屋面。其优点是耐久性好、维修方便、造价低；缺点是表观密度大、抗拉强度低、对温度变形及结构变形敏感、易产生裂缝

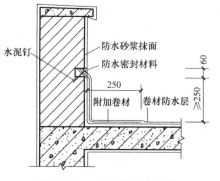

图 2-100　女儿墙泛水构造

渗水、施工技术要求高。刚性防水屋面主要用于防水等级为Ⅲ级的屋面防水，也可用于Ⅰ级、Ⅱ级防水中的一道防水层；不适用于设有松散材料保温层及受较大振动或冲击荷载作用的建筑屋面。刚性防水屋面的坡度宜为 2%~3%，并采用结构找坡。

1）刚性防水屋面构造层次及做法如下：

① 结构层。结构层要求具有足够的强度和刚度，因此一般应采用现浇或预制装配的钢筋混凝土屋面板，并在结构层现浇或铺板时形成屋面的排水坡度。

② 找平层。为保证防水层的平整及厚度均匀，一般用 20mm 厚的 1：3 水泥砂浆找平。在现浇钢筋混凝土屋面板或设有纸筋灰等材料时，可以不设找平层。

③ 隔离层。隔离层也称为浮筑层。为了减少结构变形和温度变化对防水层的不利影响，避免由于变形的相互制约造成防水层部分破坏，宜在找平层上铺设隔离层。常用的隔离层材料为干铺卷材、干砂、沥青、黏土、隔离粉等。

④ 防水层。防水层的材料有防水混凝土（普通细石混凝土、外加剂混凝土）和防水砂浆。细石混凝土防水层的厚度不应小于 40mm，并双向配置不少于 φ6@ 200mm 的钢筋，保护层厚度不小于 10mm，钢筋在分格缝处断开。现浇刚性防水屋面，应控制水灰比，添加防水剂、膨胀剂，并在施工中加强振捣与养护，以提高其抗渗性和抗裂性能。

2）刚性防水屋面细部构造如下：

① 分格缝。分格缝又称为分仓缝，一般设有纵向和横向分格缝，如图 2-101 所示，是屋面防水层的变形缝。设置分格缝的目的是防止由于温度变化或结构变形导致的防水层开裂或拉坏。分格缝应贯穿屋面找平层和刚性防水层，且应设在结构变形的敏感部位（装配式屋面板的支承端、屋面转折处，现浇屋面板与预制屋面板的交界处，泛水与垂直墙体的交接处等部位）和温度变形允许的范围以内，最好与板缝对应。双坡屋面的屋脊处也应设分格缝，分格缝的纵横间距都不应大于 6m，并尽量使板块接近方形。分格缝应纵横对齐，宽度为 30mm 左右，缝中嵌填密封材料，上铺防水卷材。分格缝构造如图 2-102 所示。

图 2-101　分格缝位置

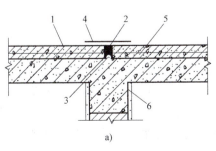 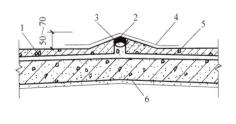

a) b)

图 2-102　分格缝构造

a）横向分格缝　b）屋脊分格缝

1—刚性防水层　2—密封材料　3—背衬材料　4—防水卷材　5—隔离层　6—细石混凝土

② 泛水构造。刚性防水屋面的泛水构造要点与柔性防水屋面大体相同，不同的是刚性防水层与屋面突出结构物之间应留有缝隙（分格缝），以免两者变形不一致而导致泛水开裂，并在缝口处用密封膏嵌缝，如图 2-103 所示。

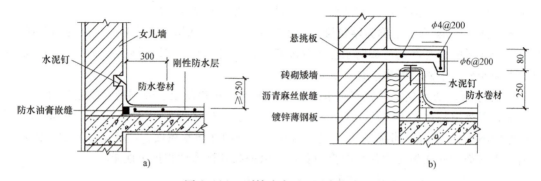

图 2-103 刚性防水屋面泛水构造
a）女儿墙泛水 b）高低屋面变形缝泛水

③ 檐口构造。刚性防水屋面檐口的形式一般有自由落水挑檐口和挑檐沟外排水檐口，如图 2-104 所示。对于自由落水挑檐口，应注意做好滴水；挑檐沟外排水檐口的沟底应用低强度等级的混凝土或水泥炉渣等材料垫置成纵向排水坡度，同时防水层须挑出屋面并做好滴水。

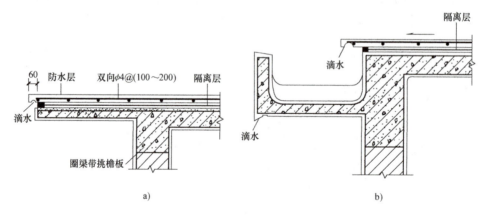

图 2-104 刚性防水屋面檐口构造
a）自由落水挑檐口 b）挑檐沟外排水檐口

（3）涂料防水屋面

涂料防水屋面又称为涂膜防水，如图 2-105 所示，是靠直接涂刷在基层上的防水涂料固化后形成有一定厚度的膜来达到防水的目的，按其厚度分成厚质涂料和薄质涂料。膨胀土沥青乳液和石灰乳化沥青基防水涂料，涂成的膜厚度一般在 4~8mm，称为厚质涂料；高聚物改性沥青防水涂料和合成高分子防水涂料涂成的膜较薄，一般为 2~3mm，称为薄质涂料，如溶剂型和水乳型防水涂料、聚氨酯和丙烯酸涂料等。防水涂料具有防水性能好、黏结力强、耐腐蚀、耐老化、整体性好、冷作业、施工方便等优点；但价格较贵。为加强防水性能，可在涂层中加铺聚酯无纺布、化纤无纺布或玻璃纤维网格布等胎体增强材料。涂料防水屋面胎体的铺设及其他细部构造与柔性防水屋面基本相同。

3. 平屋顶的保温

平屋顶的保温措施主要是设置保温层。保温材料多为轻质多孔材料，一般分为三种类型：散料类（如炉渣、膨胀蛭石、膨胀珍珠岩等）、整体类（以散料为集料，掺入一定量的胶结材料，现场浇筑而成，如水泥炉渣、水泥膨胀蛭石、沥青膨胀珍珠岩等）和板块类（以集料和胶结材料预制而成的板块，如加气混凝土、泡沫混凝土等）。平屋顶保温构造做法分正置式保温和倒置式保温两种：正置式保温即保温层设在结构层之上、防水层

图 2-105　平屋顶涂膜防水

之下，形成封闭的保温层，也叫内置式保温；倒置式保温是将保温层设在防水层之上的构造做法。

4. 平屋顶的隔热

平屋顶的隔热措施主要有通风隔热、植被隔热、蓄水隔热和反射隔热等。

1）通风隔热屋面。通风隔热屋面是指在屋顶中设置通风的空气间层，利用空气的流动把间层中的热空气不断带走，散发热量，同时上层表面具有遮阳作用，空气间层具有隔热作用。通风隔热屋面一般有架空通风隔热屋面和顶棚通风隔热屋面两种做法。

① 架空通风隔热屋面的通风层设在防水层之上，常见做法如图 2-106 所示。

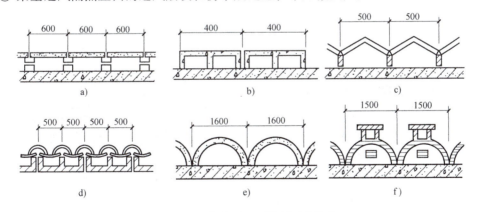

图 2-106　架空通风隔热屋面的构造

a）架空预制板（或大阶砖）　b）架空混凝土山形板　c）架空钢丝网水泥折板
d）倒槽板上铺小青瓦　e）钢筋混凝土半圆拱　f）1/4 厚砖拱

② 顶棚通风隔热屋面是利用顶棚与屋顶之间的空间作为隔热层，在设计时应满足以下要求：通风层有足够的净空高度，一般为 500mm 左右；需设置一定数量的通风孔，以利于空气对流；通风孔应考虑防飘雨措施。

2）植被隔热屋面。植被隔热屋面是在屋顶上种植植物，利用植被的蒸腾和光合作用吸收太阳的辐射热，达到降温隔热的目的。其构造与刚性防水屋面基本相同，但需增设挡墙和种植介质。施工时应注意：设置安全防护措施，如栏杆、女儿墙等；选择轻质材料作为种植介质，以减轻屋顶荷载；挡墙下部设置排水孔和过水网，以在及时排除积水的同时防止杂质

堵塞排水设备；做好屋面防腐处理，防止水和肥料侵蚀钢筋。

3）蓄水隔热屋面。蓄水隔热屋面是指在屋顶蓄积一层水，利用水吸热蒸发的原理减少屋顶吸收热能，从而达到隔热降温的目的。

4）反射隔热屋面。反射隔热屋面是利用材料的颜色和光滑度对热辐射的反射作用，将一部分热量反射回去从而达到降温的目的。可以采用浅色的砾石、混凝土制作屋面，也可以在屋面上涂刷白色涂料，或加铺一层铝箔纸板等。

三、坡屋顶构造

坡屋顶一般由承重结构和屋面两部分组成，必要时还有保温层、隔热层及顶棚等。

1. 坡屋顶的承重结构

坡屋顶的承重结构一般由檩条、屋架或大梁等组成，根据承重类型分为横墙承重和屋架承重，如图 2-107 所示。

（1）横墙承重

横墙承重是将檩条或屋面板直接搁置在砌成三角形形状的横墙上，又称为山墙承重或硬山搁檩。其优点是构造简单、施工方便、节约木材、有利于屋顶的防火和隔声，适用于开间尺寸较小的房间，如住宅、宿舍等。

（2）屋架承重

屋架承重是指利用建筑物的外纵墙或柱来支承屋架，其上搁置檩条或屋面板承受屋顶的荷载。这种方式可以形成较大的内部空间，多用于要求有较大空间的建筑，如教学楼、食堂等。

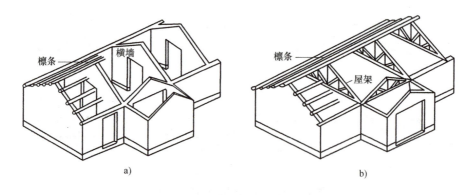

图 2-107　坡屋顶的承重结构
a）横墙承重　b）屋架承重

2. 坡屋顶的屋面做法

坡屋顶屋面一般是利用各种瓦材（如平瓦、波形瓦、小青瓦等）作为屋面防水材料，靠瓦与瓦之间的搭接盖缝来达到防水的目的。

（1）平瓦屋面

平瓦屋面根据基层的不同有冷摊瓦屋面、木望板瓦屋面和钢筋混凝土挂瓦板平瓦屋面。

瓦屋面构造（一）

瓦屋面构造（二）

　　1）冷摊瓦屋面。冷摊瓦屋面是在檩条上钉木椽条，然后在椽条上钉挂瓦条并直接挂瓦，如图 2-108 所示。木椽条的断面尺寸一般为 40mm×60mm 或 50mm×50mm，其间距为 400mm 左右。挂瓦条的断面尺寸一般为 30mm×30mm，中距 330mm。

　　2）木望板瓦屋面。木望板瓦屋面是在檩条上铺钉木望板（15～200mm 厚），铺设方法可以是密铺法或稀铺法（木望板之间留 20mm 左右宽的缝）。在平行于屋脊方向干铺一层油毡在木望板上，再顺着屋面流水方向钉顺水条（10mm×30mm、中距 500mm），然后在顺水条上面平行于屋脊方向钉挂瓦条并挂瓦，挂瓦条的断面和间距与冷摊瓦屋面相同，如图 2-109 所示。

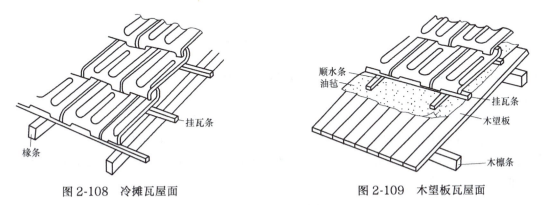

图 2-108　冷摊瓦屋面　　　　　　　　　　　图 2-109　木望板瓦屋面

　　3）钢筋混凝土挂瓦板平瓦屋面。该屋面是将平瓦直接挂在预应力或非预应力的钢筋混凝土挂瓦板上，如图 2-110 所示，挂瓦板缝隙用 1∶3 水泥砂浆嵌填。施工时要严格控制构件的几何尺寸，切实保证施工质量，否则易出现瓦材搭挂不密实而引起渗漏的现象。

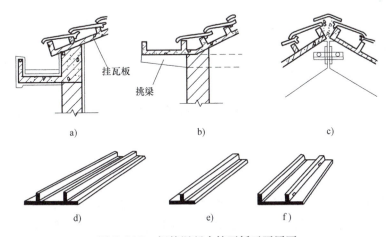

图 2-110　钢筋混凝土挂瓦板平瓦屋面
a）檐口节点（一）　b）檐口节点（二）　c）屋脊节点　d）双肋（Ⅱ形）板
e）单肋（T形）板　f）F形板

　　（2）钢筋混凝土屋面板基层平瓦屋面

　　钢筋混凝土屋面板基层平瓦屋面是以钢筋混凝土板为屋面基层的平瓦屋面，如图 2-111 所示。钢筋混凝土屋面板基层平瓦屋面可做成直斜面、曲斜面或多折斜面，尤其是钢筋混凝

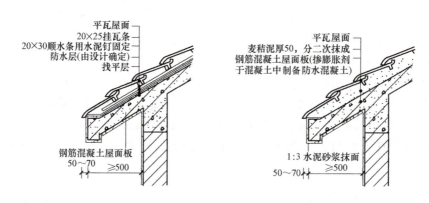

图 2-111 钢筋混凝土屋面板基层平瓦屋面

土屋面对建筑的整体性、防渗漏、防震害等有明显优势，因此钢筋混凝土屋面板基层平瓦屋面已广泛应用于民用建筑中。

（3）金属瓦屋面

金属瓦屋面常用板材有彩色铝合金压型板、波纹板和彩色涂层压型钢板、拱形板等。金属瓦屋面自重小、强度高、施工安装方便、色彩绚丽、质感好，可用于平直坡面的屋顶和曲面屋顶，如图 2-112 所示。

图 2-112 金属瓦屋面
a）压型板屋面 b）铜瓦屋面

3. 坡屋顶的保温与隔热

（1）保温

坡屋顶的保温一般有屋面层保温和顶棚层保温两种措施，如图 2-113 所示。前者是保温层设置在瓦材下面或檩条之间的做法；后者是在吊顶龙骨上铺板，将保温层设置在板上的做法。顶棚层保温措施具有保温和隔热双重作用。

（2）隔热

坡屋面的隔热一般利用空气对流来实现降温的目的，具体是在屋顶中设置进气口和排气口，利用屋顶内外的热压差和迎风面的压力差来组织空气对流，形成自然通风，减少由屋顶传入室内的辐射热，如图 2-114 所示。进气口一般设在檐墙上、屋檐部位或室内顶棚，排气口最好设在屋脊处，以增加高差，提高空气流通效率。

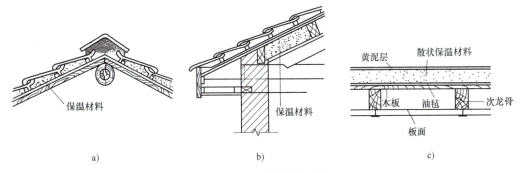

图 2-113　坡屋顶保温构造

a）瓦材下面设保温层　b）檩条之间设保温层　c）吊顶上设保温层

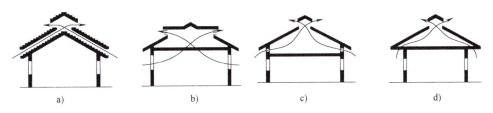

图 2-114　坡屋面隔热设计

a）在顶棚和天窗设通风孔　b）在外墙和天窗设通风孔（一）
c）在外墙和天窗设通风孔（二）　d）在山墙及檐口设通风孔

子项目 2　住宅楼施工图识读

2.2.1　识读住宅楼一层平面图

学习目标：学会识读住宅楼一层平面图。

1. 看图名、比例

住宅楼一层平面图如图 2-115 所示（见书后插页），图中的"<u>一层平面图 1∶100</u>"表示的就是平面图的图名和比例，图名为一层平面图，比例为 1∶100。

2. 看定位轴线编号及其间距

住宅楼施工图定位轴线如图 2-116 所示，图 2-115 中的"①""②""③"等符号表示的是横向编号，"Ⓐ""Ⓒ""Ⓓ"等符号表示的是竖向编号。通过识读定位轴线可以清楚地看出住宅楼中柱子的位置，从而得出墙体的大致位置。

3. 看平面图的各部分尺寸

平面图的各部分尺寸包括房间的开间、进深，门窗的平面位置及墙厚，以及柱的断面尺寸等。在建筑平面图中，尺寸标注比较多，一般分为外部尺寸和内部尺寸。

1）外部尺寸一般在图形的四周注写三道尺寸：第一道尺寸，表示外轮廓的总尺寸，图 2-115 中的"41950""13350"就是第一道尺寸；第二道尺寸，表示轴线之间的距离，即房间的开间与进深尺寸；第三道尺寸，表示各细部的位置和大小，如外墙门窗的宽度。

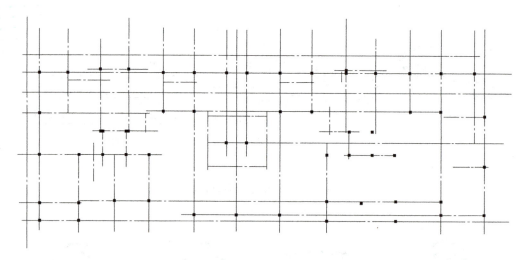

图 2-116　住宅楼施工图定位轴线

2）内部尺寸是用来标注内部门窗洞口的宽度及位置、墙身厚度、固定设备的大小和位置等。

4. 看楼地面标高

图 2-115 中的 "± 0.000" 表示的是室内的标高，"-0.200" 表示的是室外标高，由此可知，该住宅楼的室内外高差为 0.2m。

5. 看门窗的位置及编号

在建筑平面图中，门采用代号 M 表示，窗采用代号 C 表示，后面的数字表示该门或窗的尺寸，其中前两个数字代表宽度，后两个数字代表高度，如图 2-115 中的 "C1212" 代表该窗的尺寸为 1200mm×1200mm；M0921 代表该门的尺寸为 900mm×2100mm，同样的还有 "C1518" "C0918" "M0821" 等。

6. 看剖面的剖切符号和索引符号

由于剖面图本身不能反映剖切平面的位置，就必须在其他投影图上标出剖切平面的位置、剖切形式及编号。建筑剖面图的剖切位置和编号应当绘制在一层平面图中，其他平面图中不需再绘制建筑剖面图的剖切符号，如图 2-115 中的 "$\begin{smallmatrix} \ulcorner A \\ \llcorner A \end{smallmatrix}$"。

2.2.2　识读住宅楼屋顶平面图

学习目标：学会识读住宅楼屋顶平面图。

1. 看屋顶排水分区、排水方向、坡度、雨水口的位置

住宅楼屋顶平面图如图 2-117 所示，图中的 "→" 符号表示排水方向；"1%" 表示排水坡度；图中有多处地方标有符号 "○" 表示雨水口。

2. 看索引符号

屋顶细部做法如另有详图或采用标准图集的做法，在平面图中标注索引符号，注明该部位所采用的标准图集的代号、页码和图号。图 2-118 中的索引符号 "$\frac{4}{15}$"，其上半圆中的阿拉伯数字 4 表示的是详图的编号，下半圆中的数字 15 表示该详图所在图纸的编号。图 2-118 中的索引符号表示详图在 15 号图纸中，其中的 4 号图即为该部分的详图。

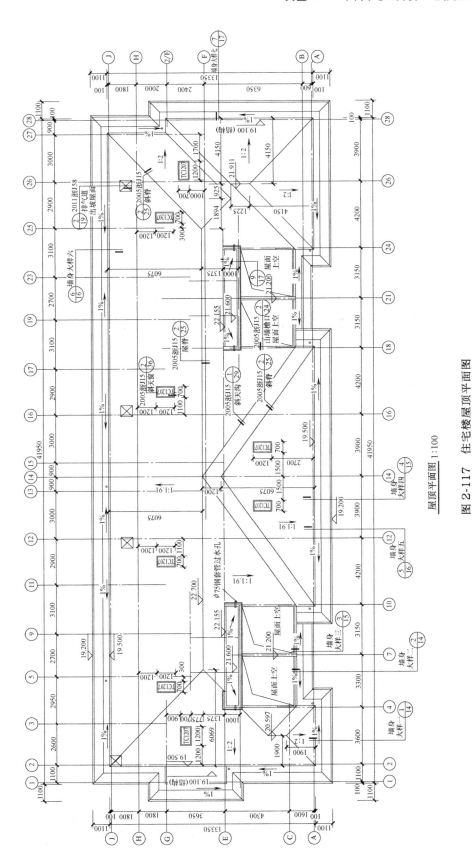

屋顶平面图 1:100

图 2-117 住宅楼屋顶平面图

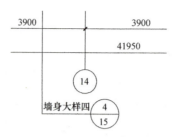

图 2-118 索引符号

2.2.3 识读住宅楼立面图

学习目标：学会识读住宅楼立面图。

为便于立面图的识读，每一个立面图都应标注立面图的名称。立面图名称的标注方法为：对于有定位轴线的建筑物，宜根据两端的定位轴线号注写立面图的名称，如①~㉘轴立面图；对于无定位轴线的建筑可按平面图各立面的朝向确定名称，如南立面图。下面以①~㉘轴立面图为例（图 2-119）介绍立面图的识读方法。

1. 看图名、比例、轴线及其编号

了解立面图的观察方位，立面图的绘图比例、轴线编号与建筑平面图上应一致，并对照识读。

2. 房屋立面的外形、门窗等形状及位置

从图 2-119 可知该住宅楼的屋顶形式为坡屋顶，立面的形状为矩形，同时可知门窗的形状和位置。

3. 看立面图的标高尺寸

从图 2-119 中可看出建筑总高度是 22.7m，并可了解各部位的标高，如室内外地坪、雨篷、门窗等处的标高。

4. 看房屋外墙面装修的做法与分割线

从图 2-119 中可了解住宅楼各部位外立面的装修做法、材料、色彩等。

2.2.4 识读住宅楼剖面图

学习目标：学会识读住宅楼剖面图。

1. 看图名、比例、剖切位置及编号

住宅楼剖面图如图 2-120 所示，通过分析可知，该图的图名是 A—A 剖面图，比例为 1:100，并应根据图名到住宅楼一层平面图（图 2-115）中查找，以确定剖切平面的位置及投射方向，从中了解该图所画的是住宅楼的哪一部分的投影。

2. 看房屋内部的构造、结构形式

了解梁、板、屋面的结构形式、位置及其与墙（柱）的相互关系。

3. 看房屋各部分的竖向尺寸

从图 2-120 中可知室内外高差为 0.2m，层高为 3.2m，总高为 22.7m，窗台高度为 0.9m，窗户的高度为 1.8m，阁楼（最高点）高度为 3.5m。

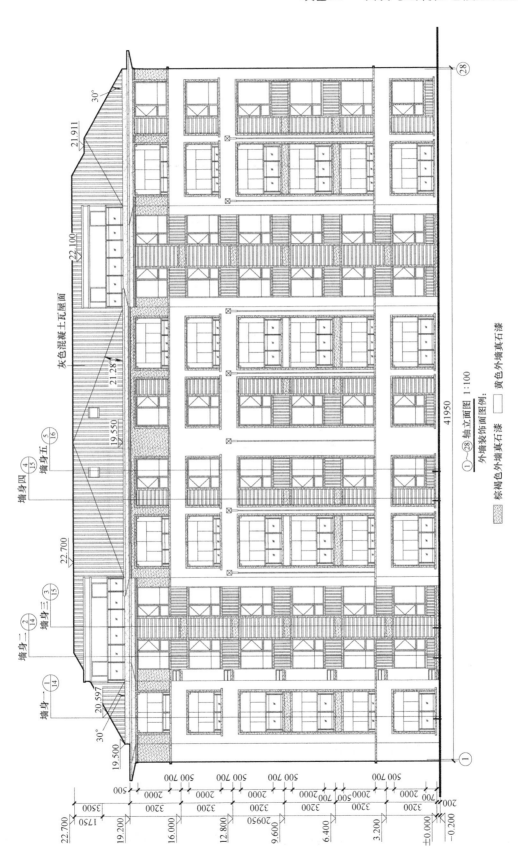

图 2-119　①~㉘轴立面图

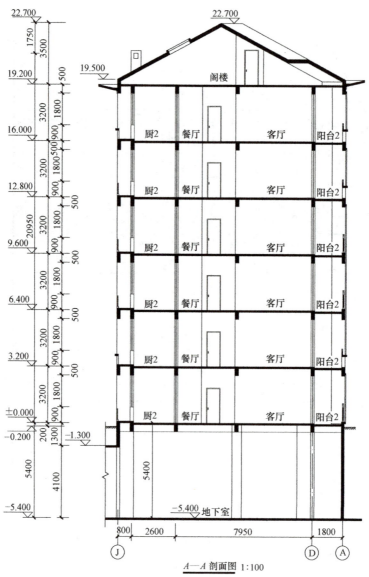

图 2-120 住宅楼剖面图

子项目3 住宅楼建筑施工图绘制

2.3.1 住宅楼平面图绘制

学习目标：学会住宅楼平面图绘制。

一、绘制住宅楼一层平面图

1. 绘制轴网

根据建筑结构确定轴线数量及间距，使用天正建筑中的"绘制轴网"命令，在"轴网数据编辑"对话框中输入相应的开间、进深数值，然后在绘图区适当位置单击轴网插入点，轴网即自动生成。生成的轴网通过"启用夹点"功能，可对轴线长度进行拉伸修改，如图2-121所示。

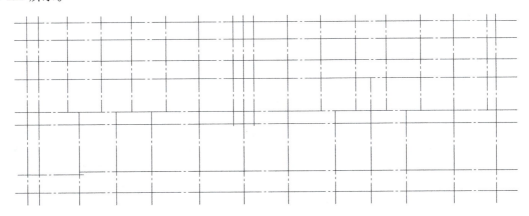

图 2-121　轴网生成

2. 轴网的修改与标注

（1）辅助轴线添加与轴线修改

在轴网生成后，需要添加辅助轴线时可利用天正建筑的"添加轴线"命令增加相应的辅助轴线。一般利用"轴线裁剪"功能及 CAD 的基本修改命令共同完成轴线的修改。

（2）轴网标注与修改

利用天正建筑的"轴网标注"功能完成轴网标注，然后利用"添补轴号""单轴标注"等功能进行修改。

修改与标注后的轴网如图 2-122 所示。

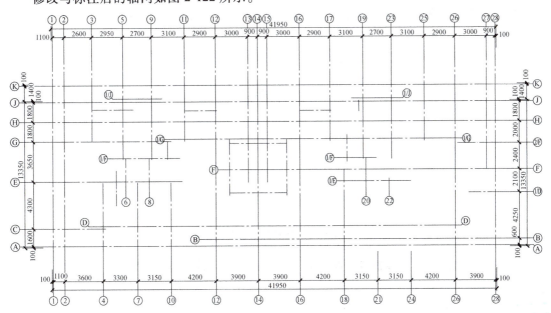

图 2-122　修改与标注后的轴网

3. 墙体绘制

（1）主要墙体绘制

利用天正建筑中的"绘制墙体"命令设置墙体参数，通过单击起止点绘制墙线（按 <F3>键开启"对象捕捉"功能）。

（2）局部墙体绘制

某些次要的墙体需加画辅助轴线后完成绘制，如图2-123所示为完成墙体绘制。

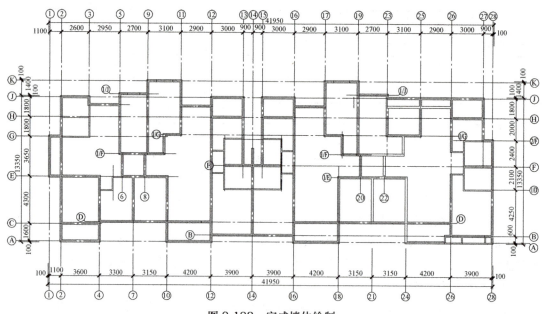

图2-123 完成墙体绘制

4. 柱子插入

插入柱子时，利用天正建筑的"标准柱""角柱""转角柱"等功能设置相应参数，如图2-124所示，可完成柱子的插入。

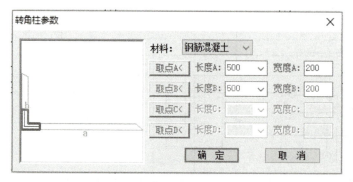

图2-124 "转角柱参数"对话框

柱子的参数包括尺寸参数和基点定位，柱子插入完毕后如图2-125所示。

5. 门窗插入与编号

（1）门窗插入

利用天正建筑的"门窗"功能进行门窗的插入。插入时可以利用不同的插入方式，如

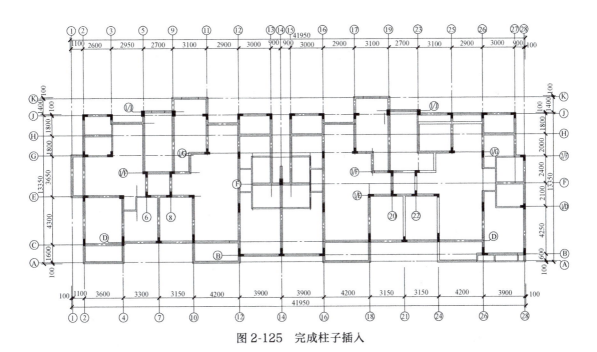

图 2-125　完成柱子插入

"顺序插入""等分插入""定距插入"等功能进行操作。

（2）门窗编号

既可以在插入门窗的同时设置门窗编号，也可以在门窗插入完毕后，利用天正建筑的"门窗编号"功能进行编号。

门窗插入完毕后如图 2-126 所示。

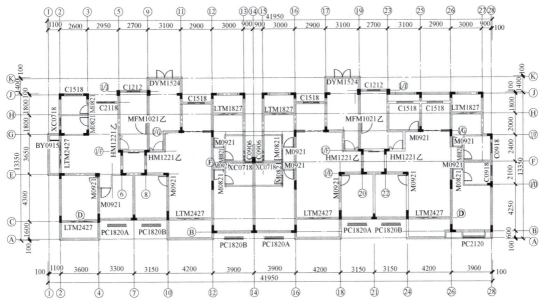

图 2-126　完成门窗插入

6. 楼梯和电梯绘制

（1）楼梯插入

复杂的楼梯平面图可采用CAD的基本绘图和修改命令完成绘制，本工程也可以利用天正建筑的"双跑楼梯"命令插入并调整修改后完成楼梯插入，如图2-127所示。

（2）电梯轿厢绘制

电梯轿厢可利用CAD的基本绘图和修改命令完成绘制，本工程电梯轿厢的尺寸为1350mm×1500mm，如图2-128所示。

图2-127　楼梯插入

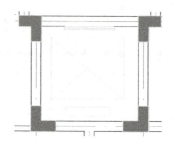

图2-128　电梯轿厢绘制

7. 散水和坡道绘制

（1）散水绘制

利用天正建筑的"散水"功能绘制散水，选择构成一个完整建筑物的所有墙体（或门窗、阳台），输入散水方向和宽度600mm后完成绘制。注意散水在出入口位置要断开。散水绘制如图2-129所示。

图2-129　散水绘制

（2）坡道绘制

利用天正建筑的"坡道"功能，输入相应尺寸参数后绘制坡道。散水和坡道绘制完毕后可以利用CAD的基本修改命令进行调整修改。调整后的坡道如图2-130所示。

8. 尺寸标注

（1）外部尺寸标注

利用天正建筑的"逐点标注"功能，进行建筑平面图外部三道尺寸线的标注，注意各道尺寸线间距为800mm，如图2-131所示。

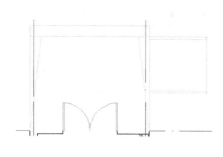

图2-130　调整后的坡道

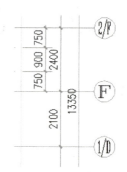

图2-131　外部尺寸标注

（2）墙厚标注

未在说明中指明的墙厚都应在图面上进行标注，利用天正建筑的"墙厚标注"功能完成墙厚标注，如图 2-132 所示。

（3）内部尺寸标注

利用天正建筑的"两点标注""逐点标注"功能，选择所需标注的内部轴线尺寸、门窗洞口尺寸、构件尺寸等，鼠标右键单击完成选择。鼠标左键确定尺寸线位置后，按<Enter>键或鼠标右键单击完成标注。完成标注后需对尺寸进行位置调整，使整体标注整齐划一，如图 2-133 所示。

图 2-132　墙厚标注

9. 文字标注

利用天正建筑的"单行文字"命令，在弹出的对话框里输入文字，在命令提示行里输入文字参数，完成文字标注。

10. 标高标注

利用天正建筑的"标高标注"命令，在图样相应位置单击鼠标右键，在命令提示栏里输入标高数值，完成标高标注，如图 2-134 所示。

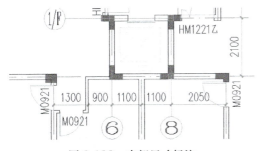

图 2-133　内部尺寸标注

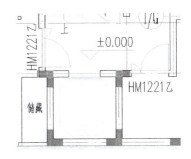

图 2-134　标高标注

11. 剖切线绘制

利用天正建筑的"剖切符号"命令，选择好剖切位置后鼠标右键单击完成，然后鼠标左键选择剖视的方向，在命令提示行里输入剖切编号，完成剖切线绘制。注意只在一层平面图中标注剖切位置。

12. 指北针绘制

利用天正建筑的"画指北针"命令绘制指北针，要选择好正北方向，确定好指北针方位。

13. 索引符号标注

利用天正建筑的"索引符号"命令绘制索引符号，分别选择"剖切索引"和"指向索引"插入。索引编号按照图纸编排，在命令提示栏里输入相应数值，完成后如图 2-135 所示。

14. 箭头引注及阳台相关内容绘制

利用天正建筑的"箭头引注"命令，弹出对话框，在"上标文字""下标文字"中输入所需标注的文字，同时设置箭头的形式、大小以及文字高度，再用鼠标左键点取标注的位置，如图 2-136 所示。

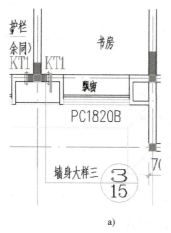

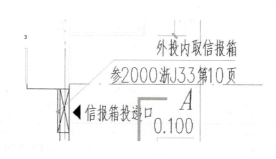

图 2-135　索引符号标注

a）剖切索引　b）指向索引

用 CAD 的基本绘图命令完成雨水口、排水管的绘制，利用天正建筑的"箭头引注"命令完成排水箭头的绘制，最后进行排水坡度标注，如图 2-137 所示。

图 2-136　箭头引注

图 2-137　雨水口、排水管、排水坡度

15. 图库插入及细部绘制

（1）家具、洁具插入

利用天正建筑的"通用图库"命令在相应位置插入图块。

（2）细部绘制

利用 CAD 的基本绘图和修改命令绘制相应的空调外机、隔断线、高差线等。

16. 图名标注、比例标注、图框插入

（1）图名标注、比例标注

利用天正建筑的"图名标注"功能，在弹出的对话框中输入文字"一层平面图 1∶100"，然后鼠标左键点取标注位置，并设置文字大小，完成标注。

（2）图框插入

利用天正建筑的"插入图框"功能，在弹出的对话框中选择图框类型（A0、A1、A2、A3、A4），选择"A2"插入，再选择会签栏、图标，完成标注。

二、绘制住宅楼二层平面图

1. 复制一层轴网

关闭一层平面图除了轴线层以外的其他图层，然后复制。当然，也可

住宅楼标准
层平面图
识读与绘制

以利用天正建筑的"轴网绘制"命令重新绘制二层的轴网。

2. 绘制墙体

方法同一层平面图。

图层设置

3. 插入柱子

方法同一层平面图，柱子与一层平面图相同的位置可复制插入。

4. 门窗插入与编号

方法同一层平面图。

5. 楼梯和电梯绘制

方法同一层平面图。注意二层的楼梯平面与一层的楼梯平面有所不同，如图 2-138 所示。

6. 雨篷绘制

在相应图层用 CAD 的基本绘图命令在设计位置绘制图线，然后绘制排水口及排水坡度，如图 2-139 所示。

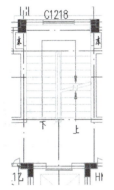

图 2-138　二层楼梯平面

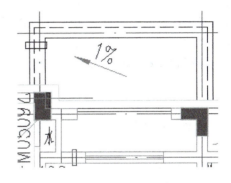

图 2-139　雨篷绘制

7. 相关标注

进行以下标注：

1）细部尺寸标注。

2）文字标注。

3）标高标注。

4）索引符号标注。

具体标注方法均与一层平面图相同。

8. 阳台相关内容绘制

方法同一层平面图。

9. 图库插入及细部绘制

方法同一层平面图。

10. 图名标注、比例标注、图框插入

方法同一层平面图。

三、绘制住宅楼三层~五层平面图

住宅楼三层~五层平面图的每层图样内容大致相同，可绘制在一张标准层平面上，主要工作如下：

1）复制二层平面图。

2）删除图样中不同的部分，主要是标高、雨篷等。

3）标高修改。对原标高进行基本的修改操作，完成多个标高的标注，如图2-140所示。

4）图名修改。细部用CAD的基本绘图命令完成修改，修改图名后完成三层~五层平面图的绘制。

图2-140 三层~五层平面图标高

四、绘制住宅楼六层平面图

六层平面图与三层~五层平面图大致类似，只要复制三层~五层平面图，修改与三层~五层平面图不一样的部分即可，此处不展开具体画法讲解。

六层平面图与三层~五层平面图最大的区别是户内楼梯的插入，以及户内楼梯周边尺寸的填补、修改等。户内楼梯可采用天正建筑的"双跑楼梯"命令进行插入，注意选择楼梯层数为"首层"，如图2-141所示。户内楼梯其余尺寸根据实际的楼层高度和房间面积进行修改。

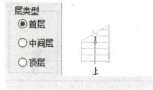

图2-141 户内楼梯的插入

五、绘制住宅楼屋顶平面图

一般先完成屋顶平面图绘制，再绘制阁楼层平面图。

1. 复制六层平面图

复制时只留门窗及墙体的图层。

2. 四坡屋面的绘制

先确定屋面边界线，绘制四坡屋面，再确定屋脊，如图2-142所示。

住宅楼屋顶层平面图识读与绘制

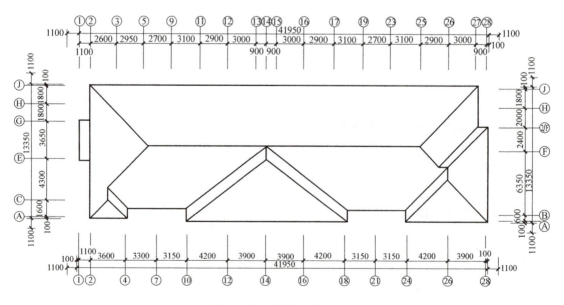

图2-142 四坡屋面的绘制

3. 檐沟绘制

寻找檐沟边界线，在相应图层用"偏移""倒角"等命令完成绘制，如图 2-143 所示。

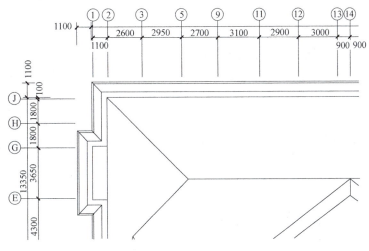

图 2-143　檐沟绘制

4. 屋面细部绘制

绘制屋面其余部分的檐沟、露台分户墙、墙体过水孔等设施，用 CAD 的基本绘图命令完成，如图 2-144 所示。绘制天窗、出屋面排气道等，用 CAD 的基本绘图命令完成，如图 2-145 所示。

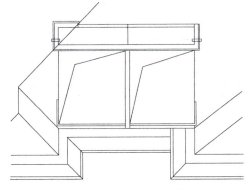

图 2-144　平屋面部分绘制

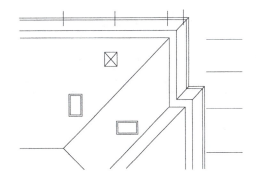

图 2-145　天窗、出屋面排气道绘制

5. 屋面坡度标注

利用天正建筑的"箭头引注"命令进行屋面坡度标注。

6. 屋面排水绘制

用 CAD 的基本绘图命令完成雨水口的绘制，利用天正建筑的"箭头引注"命令完成排水箭头绘制，最后进行排水坡度标注，如图 2-146 所示。

图 2-146　屋面排水绘制

7. 细部尺寸、标高绘制

利用天正建筑的"尺寸标注"菜单及"标高标注"命令，进行相应的细部尺寸及标高绘制。

8. 索引符号绘制

索引符号利用天正建筑的"索引符号"命令绘制，选择"剖切索引"插入索引符号。索引编号按照图纸编号编排或者按照所选用的图集代号编排，在命令提示栏里输入相应数值即可。

9. 图名标注、比例标注、图框插入

修改图名，完善图样，插入图框，完成屋顶平面图的绘制。

住宅楼阁楼层平面图识读与绘制

六、绘制住宅楼阁楼层平面图

1. 复制屋顶平面图

复制时删除文字、索引符号等，如图 2-147 所示。

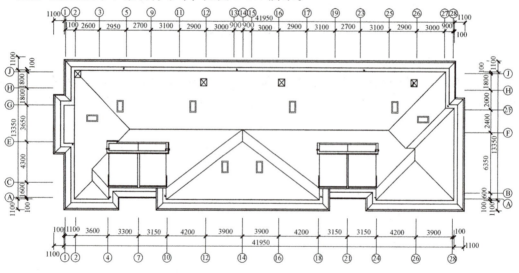

图 2-147 复制屋顶平面图

2. 剖切位置的确定

沿屋脊线作剖切位置线，用 CAD 的基本绘图命令完成，如图 2-148 所示。然后删除剖切线的内侧图线，如图 2-149 所示。

3. 阁楼内部内容绘制

复制顶层平面图的墙线，对齐插入阁楼层平面图中，用 CAD 的基本修改命令，把置于剖切位置线之外的部分删除，如图 2-150 所示。

4. 细部尺寸绘制

方法同屋顶平面图。

5. 索引符号绘制

方法同屋顶平面图。

6. 排水绘制

方法同屋顶平面图。

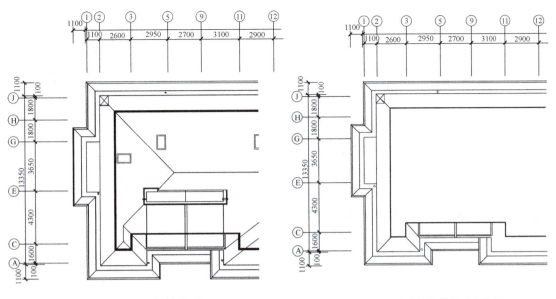

图 2-148　绘制剖切线　　　　　　　　图 2-149　删除剖切线的内侧图线

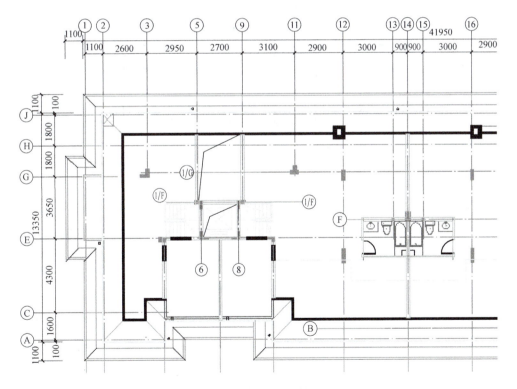

图 2-150　阁楼内部内容绘制

7. 修改完善

按照阁楼的设计要求修改门窗、墙体等，再修改图名，完善图样，插入图框，完成阁楼层平面图的绘制。

2.3.2 住宅楼立面图绘制

住宅楼立面图
识读与绘制
（南立面图）

学习目标：学会住宅楼立面图绘制。

一、住宅楼①~㉘轴立面图绘制（南立面图绘制）

1. 作图准备

复制一层平面图，作为绘制南立面图的参考。

2. 层高线绘制

在一层平面图下，在 DOTE 图层（轴线层）绘制室内外高差线及层高线，用 CAD 的 "绘制直线""偏移" 命令完成，如图 2-151 所示。

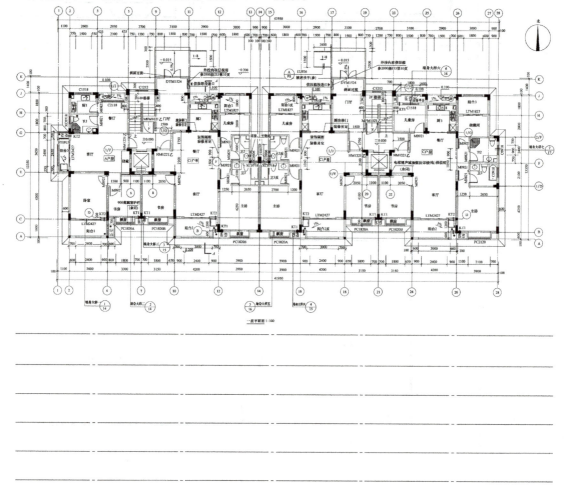

图 2-151 层高线绘制

3. 一层~五层南立面图绘制

绘制时要先确定立面元素的位置，操作时要与一层平面图对正，在其下方确定墙、窗、门的左右边界位置，再按设计要求确定窗上下沿的位置，用 CAD 的 "偏移" 命令完成，然后绘制立面的阳台等元素，如图 2-152 所示。

图 2-152　一层南立面图绘制

绘制完一层，用复制的方式完成中间层立面的绘制，然后完成中间层立面细部线条的绘制，如图 2-153 所示。

图 2-153　一层~五层南立面图绘制

4. 六层南立面图绘制

删除作为参考的一层平面图，原位替换为六层平面图，重复步骤 3。先用辅助线确定立面元素的位置，再用 CAD 的基本绘图命令完成立面元素的细致绘画。

5. 阁楼层南立面图绘制

删除作为参考的六层平面图，原位替换为阁楼层平面图，重复步骤 3。先用辅助线确定立面元素的位置，再用 CAD 的基本绘图命令完成立面元素的细致绘画，如图 2-154 所示。

6. 绘制并修改楼层交接部位的线脚等细部

用 CAD 的基本绘图命令完成绘制与修改。

7. 立面尺寸、标高标注、索引符号插入

利用天正建筑的"尺寸标注""标高标注""索引符号"命令进行立面尺寸、标高标注的绘制和索引符号的插入。其中，索引编号按照图样编排或者按照所选用的图集代号，在命令提示栏里输入相应数值。

8. 立面材质填充与材质标注

利用 CAD 的"图案填充"命令以及天正建筑的"做法标注"命令进行立面材质填充与材质标注。

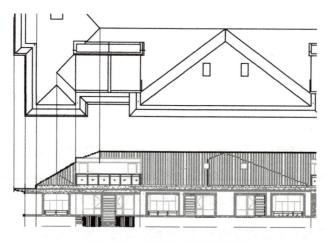

图 2-154　阁楼层南立面图绘制

9. 图面修饰、图名标注、比例标注、图框插入

单击"多段线"命令，沿立面一周主要轮廓线绘制多段线；修改图名，完善图样，插入图框，完成住宅楼①~㉘轴立面图绘制，如图 2-119 所示。

住宅楼东、西立面图识读与绘制

二、Ⓙ~Ⓐ轴立面图（西立面图）、Ⓐ~Ⓙ轴立面图（东立面图）绘制

1) 作图准备。复制各层平面图，用"旋转"命令使平面图的西侧朝下，作为绘制西立面图的参考。绘制东立面图时，平面图的东面朝下进行绘制。

2) 其他绘图步骤同住宅楼①~㉘轴立面图的绘制。

三、㉘~①轴立面图绘制（北立面图）

1) 作图准备。复制各层平面图，用"旋转"命令使平面图的北侧朝下，作为绘制北立面图的参考。

2) 其他绘图步骤同住宅楼①~㉘轴立面图的绘制。

住宅楼立面图识读与绘制（北立面图）

2.3.3　住宅楼剖面图绘制

学习目标：学会住宅楼剖面图绘制。

1. 作图准备

复制一层平面图，用"旋转"命令使剖视方向朝上。为清晰起见，可在剖切线位置画一条辅助线，删除所有辅助线下方的图线，用"修剪""删除"命令完成绘制。

2. 层高线绘制

在一层平面图下方，在 DOTE 图层绘制室内外高差线及层高线，用"绘制直线""偏移"命令完成，如图 2-155 所示。

住宅楼剖面图识读与绘制

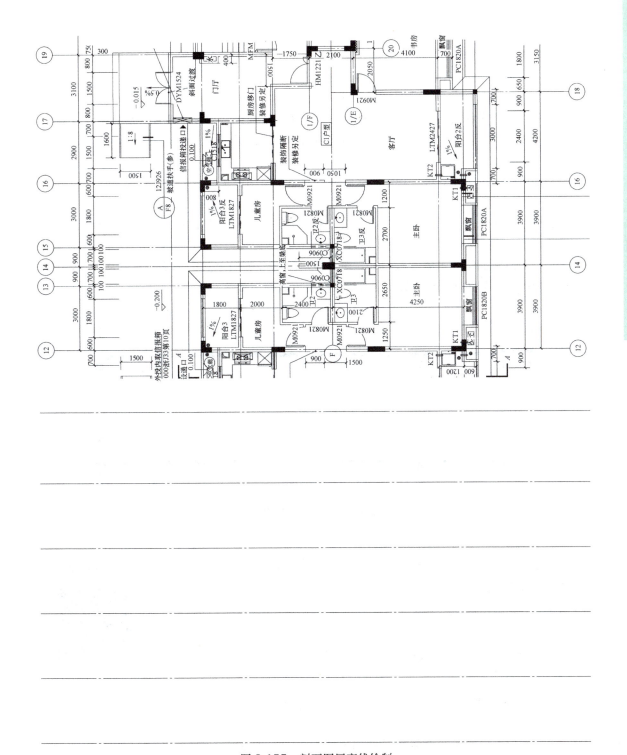

图 2-155　剖面图层高线绘制

3. 一层剖面图绘制

用辅助线确定楼板、梁高的位置，在确定的位置上绘制剖面元素。绘制完一层剖面后，可以制成图块，以复制的形式完成中间层的剖面绘制。

4. 六层剖面图绘制

删除作为参考的一层平面图，原位替换为六层平面图，重复步骤3。先用辅助线确定剖面元素的位置，再用CAD的基本绘图命令完成剖面元素的绘画。

5. 阁楼层剖面图绘制

删除作为参考的六层平面图，原位替换为阁楼层平面图，重复步骤3。先用辅助线确定剖面元素的位置，再用CAD的基本绘图命令完成阁楼层元素的绘画。

6. 可见部分的绘制

剖面图中的可见部分可从相应的立面图上复制过来，对齐之后再进行修改。

7. 尺寸标高标注

利用天正建筑的"尺寸标注"命令及"标高标注"命令进行图样尺寸及标高的标注。

8. 剖切部位混凝土填充

由于剖面图的绘图比例为1∶100，所以混凝土部分的填充只需填实（SOLID），不需要填充相应图例，如图2-156所示。剖切部位混凝土填充完成后，整个剖面图绘制完成。

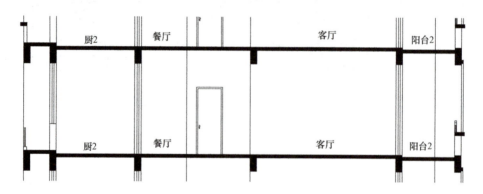

图2-156　剖面图混凝土填充

9. 图面修饰、图名标注、比例标注

利用天正建筑的"图名标注"命令进行图样的图名和比例标注，然后对图面进行清理、修饰，完成剖面图的绘制。

2.3.4　住宅楼坡屋面檐沟详图绘制

> 学习目标：学会住宅楼坡屋面檐沟详图绘制。

1. 绘制檐沟轮廓尺寸

用CAD的基本绘图命令完成檐沟轮廓尺寸的绘制。

2. 檐沟防水层绘制

鼠标左键依次选择"主菜单"→"图库图案"→"线图案"→"防水层"，设定好参数后，沿需设置防水层的轮廓线绘制，也可利用CAD基本绘图命令完成。

3. 屋面保温层绘制

鼠标左键依次选择"主菜单"→"图库图案"→"线图案"→"保温层"，设定好参数后，沿需设置保温层的轮廓线绘制，也可利用CAD基本绘图命令完成。

住宅楼墙身
节点详图
识读与绘制

4. 屋面瓦绘制

用 CAD 的基本绘图命令绘制瓦片形状，通过"旋转""移动"等命令，完成屋面瓦绘制。

5. 完善详图、图名标注、比例标注

进行材质填充、细部尺寸标注、文字标注、图名标注、比例标注等操作，完成坡屋面檐沟详图绘制，如图 2-157 所示。

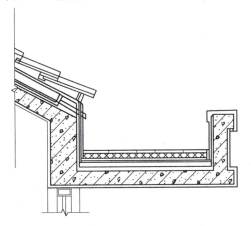

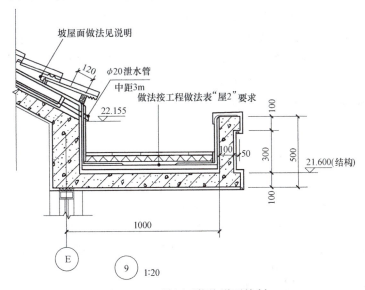

图 2-157 坡屋面檐沟详图绘制

素 质 拓 展

由远大可建科技有限公司承建的全球首座高层活楼高级住宅（锦都人才公寓项目）在岳阳市湘阴县落成。该住宅楼共有 26 层，建筑面积 $14035.27m^2$，可容纳 200 户居民入住，建设时间仅用了 5 天，展现了中国基建的硬实力，见证了中国速度。该项目之所以建得这么快，是因为采用了"活楼"科技，实行集装箱式运输，模块式安装。住宅楼内部户型多样，可灵活改变空间内部结构，还可随时拆除、异地重建。

现场照片

　　该住宅楼的各个模块实现了工厂化制作，楼板采用远大公司独创的超强超轻"不锈钢芯板"，柱、梁采用不锈钢型材。整个建筑不用混凝土，结构、装饰、机电实现了100%工厂预制，95%的建设工作在工厂完成，施工现场只需进行吊装、安装工作，实现了建筑行业从手工业到现代化工业的突破。该住宅楼安全系数高，主体结构材料为不锈钢型材、延性材料，自重很小，提高了抗震能力。住宅楼的设计、施工符合现行防火规范标准，每层楼还加设了"楼外火警逃生梯"，强化了应急救援能力。

　　该住宅楼在设计、施工过程中，工程人员严格贯彻执行"推动绿色发展，促进人与自然和谐共生"的高质量发展理念，采用外墙厚保温、4层玻璃窗、窗外遮阳、窗内隔热、洁净风机等绿色节能措施，一方面有效切断了室外噪声，净化室内空气；另一方面大幅降低了建筑能耗，比传统建筑节能约90%。

练 / 习 / 题

1. 深基础是指埋置深度大于（　　　）的基础。

A. 2m　　　　　　　　B. 3m　　　　　　　　C. 5m　　　　　　　　D. 4m

2. 基础是建筑物的重要组成部分，考虑基础的稳定性，基础埋深不能小于（　　　）。

A. 200mm　　　　　　B. 300mm　　　　　　C. 400mm　　　　　　D. 500mm

3. 当地下水位很高，基础不能埋在地下水位以上时，应将基础底面埋置在（　　　）以下，从而减少或避免地下水的影响。

A. 最高水位 200mm　　　　　　　　B. 最低水位 200mm

C. 最低水位 500mm　　　　　　　　D. 最高与最低水位之间

4. 柔性基础与刚性基础受力的主要区别是（　　　）。

A. 柔性基础比刚性基础能承受更大的荷载

B. 柔性基础只能承受压力；刚性基础既能承受拉力，又能承受压力

C. 柔性基础既能承受压力，又能承受拉力；刚性基础只能承受压力

D. 刚性基础比柔性基础能承受更大的拉力

5. 刚性基础的受力特点是（　　　）。

A. 抗拉强度大、抗压强度小 　　　　　B. 抗拉、抗压强度均大

C. 抗剪强度大 　　　　　　　　　　　D. 抗压强度大、抗拉强度小

6. 墙体依结构受力情况不同可分为（　　　）。

A. 内墙、外墙 　　　　　　　　　　　B. 承重墙、非承重墙

C. 实体墙、空体墙和复合墙 　　　　　D. 叠砌墙、板筑墙和装配式板材墙

7. 烧结普通砖的规格为（　　　）。

A. 240mm×120mm×60mm 　　　　　　B. 240mm×110mm×55mm

C. 240mm×115mm×53mm 　　　　　　D. 240mm×115mm×55mm

8. 半砖墙的实际厚度为（　　　）。

A. 120mm 　　　　B. 115mm 　　　　C. 110mm 　　　　D. 125mm

9. 一般民用建筑墙体水平防潮层的标高为（　　　）m。

A. -0.200 　　　　B. -0.060 　　　　C. 0.060 　　　　D. 0.200

10. 墙体按受力情况分为（　　　）。

①山墙　②承重墙　③非承重墙　④内墙　⑤空体墙

A. ①④⑤ 　　　　B. ②⑤ 　　　　　C. ③④ 　　　　　D. ②③

11. 墙脚采用（　　　）等材料，可不设防潮层。

①烧结普通砖　②砌块　③条石　④混凝土

A. ①③④ 　　　　B. ②③⑤ 　　　　C. ①②④ 　　　　D. ③④

12. 当门窗洞口上部有集中荷载作用时，其过梁可选用（　　　）。

A. 平拱砖过梁 　　　　　　　　　　　B. 拱砖过梁

C. 钢筋砖过梁 　　　　　　　　　　　D. 钢筋混凝土过梁

13. 钢筋混凝土构造柱的作用是（　　　）。

A. 使墙角挺直 　　　　　　　　　　　B. 加快施工速度

C. 增强建筑物的刚度 　　　　　　　　D. 可按框架结构考虑

14. 外墙外侧墙脚处的排水斜坡构造称为（　　　）。

A. 勒脚 　　　　　B. 散水 　　　　　C. 墙裙 　　　　　D. 踢脚

15. 圈梁遇洞口中断，所设的附加圈梁与原圈梁的搭接长度应满足（　　　）。

A. ≤2h（两圈梁之间垂直间距，本题余同）且≤1000mm

B. ≤4h 且≤1500mm

C. ≥2h 且≥1000mm

D. ≥4h 且≥1500mm

16. 楼板层通常由（　　　）组成。

A. 面层、楼板、地坪 　　　　　　　　B. 面层、楼板、顶棚

C. 楼板、顶棚 　　　　　　　　　　　D. 垫层、梁、楼板

17. （　　　）施工方便，但易结露、易起尘、热导率大。

A. 现浇水磨石地面 　　　　　　　　　B. 水泥地面

C. 木地面 　　　　　　　　　　　　　D. 预制水磨石地面

18. 低层、多层住宅阳台栏杆净高不应低于（　　　）mm。

A. 900　　　　　　B. 1050　　　　　　C. 1000　　　　　　D. 1100

19. 现浇水磨石地面常嵌固分格条（玻璃条、铜条等），其目的是（　　　）。

A. 防止面层开裂　　B. 便于磨光　　　　C. 面层不起灰　　　D. 增添美观效果

20. 阳台按使用要求不同可分为（　　　）。

A. 凹阳台，凸阳台　　　　　　　　　B. 生活阳台，服务阳台

C. 封闭阳台，开敞阳台　　　　　　　D. 生活阳台，工作阳台

21. 常用的预制钢筋混凝土楼板，根据其截面形式可分为（　　　）。

A. 平板、组合式楼板、空心板　　　　B. 槽形板、平板、空心板

C. 肋梁楼板、组合式楼板、平板　　　D. 组合式楼板、肋梁楼板、空心板

22. 地面按其材料和做法可分为（　　　）。

A. 水磨石地面、块料地面、塑料地面、木地面

B. 块料地面、塑料地面、木地面、泥地面

C. 整体地面、块料地面、塑料地面、木地面

D. 刚性地面、柔性地面

23. 地坪层由（　　　）构成。

A. 面层、找平层、垫层、素土夯实层　　B. 面层、结构层、垫层、结合层

C. 面层、结构层、垫层、素土夯实层　　D. 构造层、结构层、垫层、素土夯实层

24. 钢筋混凝土楼板根据施工方法不同可分为（　　　）。

A. 现浇式、梁板式、板式　　　　　　B. 板式、装配整体式、梁板式

C. 装配式、装配整体式、现浇式　　　D. 装配整体式、装配式、板式

25. 肋梁式楼盖荷载的传递途径为（　　　）。

A. 板—次梁—主梁—墙　　　　　　　B. 次梁—主梁—板—墙

C. 板—主梁—次梁—墙　　　　　　　D. 主梁—次梁—板—墙

26. 楼梯的坡度范围是（　　　）。

A. 10°~20°　　　B. 20°~45°　　　C. 25°~60°　　　D. 45°~90°

27. 当楼梯宽度超过（　　　）时，应设双面扶手。

A. 2.0m　　　　　B. 1.6m　　　　　C. 1.4m　　　　　D. 1.2m

28. 楼梯的连续踏步级数最多不超过（　　　）级。

A. 28　　　　　　B. 32　　　　　　C. 18　　　　　　D. 12

29. 为保证楼梯的正常通行需要，楼梯平台宽度不应小于楼梯段宽度，并且不能小于
（　　　）。

A. 1.2m　　　　　B. 1.3m　　　　　C. 1.4m　　　　　D. 1.5m

30. 一般楼梯平台部分的净高应不少于（　　　）mm。

A. 1800　　　　　B. 2200　　　　　C. 2000　　　　　D. 2400

31. 在楼梯形式中，不宜用于疏散楼梯的是（　　　）。

A. 单跑楼梯　　　B. 双跑楼梯　　　C. 螺旋楼梯　　　D. 双分式楼梯

32. 下列关于楼梯扶手的叙述中，不正确的是（　　　）。

A. 室内楼梯扶手高度自踏步面中心至扶手顶面不宜小于0.9m

B. 楼梯平台处的水平栏杆高度不小于1m

C. 顶层楼梯平台处的水平栏杆高度不小于 1m

D. 扶手材料不一定与栏杆材料一致

33. 楼梯梯段宽度指的是（　　　）。

A. 扶手中心线至楼梯间墙体表面定位轴线的水平距离

B. 扶手边缘线至楼梯间墙体表面的水平距离

C. 扶手边缘线至楼梯间墙体定位轴线的水平距离

D. 扶手中心线至楼梯间墙面的水平距离

34. 通常确定楼梯段宽度的因素是（　　　）。

A. 使用要求　　　　B. 家具尺寸　　　　C. 人流股数　　　　D. 楼层高度

35. 混凝土刚性防水屋面的防水层应采用不低于（　　　）的细石混凝土整体现浇。

A. C15　　　　B. C20　　　　C. C25　　　　D. C30

36. 积灰较多的厂房屋面，宜采用（　　　）排水方式。

A. 内天沟　　　　B. 外天沟　　　　C. 自由落水　　　　D. 内天沟外排水

37. 屋面泛水是指屋顶上所有防水层的铺设沿突出屋面部分的（　　　）。

A. 檐口　　　　B. 女儿墙　　　　C. 变形缝　　　　D. 垂直面

38. 为了减少结构变形对防水层产生不利影响，刚性防水屋面应设（　　　）。

A. 找平层　　　　B. 保护层　　　　C. 隔离层　　　　D. 粘贴层

39. 无组织排水是雨水顺着屋面的排水坡度直接从檐口滴落至地面的一种排水方式，一般用于（　　　）。

A. 低层建筑　　　　B. 多层建筑　　　　C. 临街建筑　　　　D. 高层建筑

40. 下列有关刚性防水屋面分格缝的叙述中，正确的是（　　　）。

A. 分格缝可以减少刚性防水层的伸缩变形，防止和限制裂缝的产生

B. 分格缝的设置是为了把大块现浇混凝土分割成小块，简化施工

C. 刚性防水层与女儿墙之间不应设分格缝，以利于防水

D. 防水层内的钢筋在分格缝处也应连通，以保持防水整体性

41. 地基分为_____和_____两大类。

42. 基础按构造类型不同分为_____、_____、井格基础、筏形基础（或箱形基础）等。

43. 地基土质均匀时，基础应尽量_____。

44. 凡天然土层本身具有足够的强度，能直接承受建筑物荷载的地基称为_____。

项目三

识读与绘制办公楼建筑施工图

子项目1 项目知识准备

3.1.1 变形缝

学习目标：了解变形缝的概念；熟悉变形缝的分类；掌握变形缝的构造。

一、变形缝的定义及分类

昼夜温差变化、不均匀沉降以及地震等因素可能引起建筑物变形、开裂，甚至导致结构破坏，为了避免出现上述情况，常在设计时预先将建筑物以构造缝的形式分成几个独立部分，使各部分能自由变形、互不干扰，这种将建筑物垂直分开的构造缝称为变形缝。变形缝的分类如下：

1）变形缝按照功能不同分为伸缩缝、防震缝和沉降缝三种。

① 伸缩缝。建筑构件因温度和湿度等因素的变化会产生胀缩变形，为此通常在建筑物适当的部位设置垂直缝隙（伸缩缝），自基础以上将房屋的墙体、楼板层、屋顶等构件断开，将建筑物分离成几个独立的部分。

② 防震缝。为使建筑物较规则，并且有利于结构抗震而设置防震缝，基础可不断开。它设置的目的是将大型建筑物分隔为较小的部分，形成相对独立的防震单元，避免因地震造成建筑物整体振动不协调而产生破坏。

③ 沉降缝。同一建筑物高度相差悬殊，上部荷载分布不均匀，或建在不同地基土壤上时，为避免不均匀沉降使墙体或其他结构部位开裂而设置建筑构造缝（沉降缝）。沉降缝把建筑物划分成几个段落，自成系统，从基础、墙体、楼板到房顶各不连接。

2）变形缝按照建筑物设置的部位不同分为楼地面变形缝，内墙、顶棚及吊顶变形缝，外墙变形缝，屋面变形缝四类。

3）变形缝按照两侧结构的位置特点分为平面型变形缝和转角型变形缝两种形式。

二、变形缝的设置

1. 伸缩缝的设置

伸缩缝的设置间距，需要根据建筑物的结构类型、所用结构材料、屋盖刚度、屋盖是否有保温层或隔热层等因素确定。砌体结构墙体伸缩缝的

变形缝

最大间距见表 3-1；钢筋混凝土结构墙体伸缩缝的最大间距见表 3-2。

由于建筑物中受温差变化影响最大的是屋顶，越接近地面影响越小，而基础部分埋在土里，温差变化较小，热胀冷缩也较小，所以在设置伸缩缝时，建筑物的基础不必断开，一般从基础顶面开始将墙体、楼板、屋顶沿建筑物的全高全部断开，缝宽一般在 20~40mm。

表 3-1　砌体结构墙体伸缩缝的最大间距　　　　　　　　　　　　（单位：m）

屋盖或楼盖类别		间距
整体式或装配整体式钢筋混凝土结构	有保温层或隔热层的屋盖、楼盖	50
	无保温层或隔热层的屋盖	40
装配式无檩体系钢筋混凝土结构	有保温层或隔热层的屋盖、楼盖	60
	无保温层或隔热层的屋盖	50
装配式有檩体系钢筋混凝土结构	有保温层或隔热层的屋盖、楼盖	75
	无保温层或隔热层的屋盖	60
瓦材屋盖、木屋盖或木楼盖、轻钢屋盖		100

注：1. 当有实践经验时，可不遵守本表的规定。

　　2. 层高大于 5m 的混合结构单层房屋，其伸缩间距可按表中数值乘以 1.3。

　　3. 温差较大且变化频繁的地区和严寒地区，不采暖的房屋及构筑物墙体的伸缩缝的最大间距，应按表中数值予以适当减小。

表 3-2　钢筋混凝土结构墙体伸缩缝最大间距　　　　　　　　　　（单位：m）

结构类别		室内或土中	露天
排架结构	装配式	100	70
框架结构	装配式	75	50
	现浇式	55	35
剪力墙结构	装配式	65	40
	现浇式	45	30
挡土墙、地下室墙壁等结构	装配式	40	30
	现浇式	30	20

注：1. 如有充分依据或可靠措施，表中数值可予以增减。

　　2. 当屋面板上部无保温或隔热措施时，对框架结构、剪力墙结构的伸缩缝间距，可按表中"露天"栏的数值选用；对排架结构的伸缩缝间距，可按表中"室内或土中"栏的数值适当减小。

　　3. 排架结构的柱高（从基础顶面算起）低于 8m 时，宜适当减小伸缩缝间距。

　　4. 外墙装配内墙现浇的剪力墙结构，其伸缩缝最大间距宜按"现浇式"栏的数值选用。滑模施工的剪力墙结构，可适当减小伸缩缝间距。现浇墙体在施工中应采取措施减小混凝土收缩应力。

2. 沉降缝的设置

由于沉降缝是为了预防建筑的不均匀沉降可能导致某些薄弱部位产生错动拉裂而设置的，当建筑物有下列情况时，应考虑设置沉降缝：

1）地基土质不均匀，承载力相差较大。

2）建筑物本身相邻部分高差很大。

3）建筑物基础承受的荷载相差较大。

4）建筑平面的转折部位。

5）地基土的压缩性有显著差异。

6）建筑结构（或基础）类型不同。

沉降缝是将建筑物沿垂直方向划分为若干个刚度较一致的单元，使相邻单元可以自由沉降，而不影响建筑整体，因此沉降缝应从基础断开。

沉降缝应有足够的宽度，缝宽可按表 3-3 选用。

表 3-3　沉降缝的宽度

地基性质	房屋高度	沉降缝宽度/mm
一般地基	<5m	30
	5~10m	50
	10~15m	70
软弱地基	2~3 层	50~80
	4~5 层	80~120
	6 层及 6 层以上	>120
湿陷性黄土地基	—	30~70

3. 防震缝的设置

在地震区建造房屋，防震缝应沿房屋的全高设置。对于平面形状简单的房屋，基础一般可不设防震缝。

房屋有下列情况之一时宜设置防震缝，缝两侧均应设置墙体，缝宽应根据设计烈度和房屋高度确定，可采用 70~100mm：

1）房屋立面高差在 6m 以上。

2）房屋有错层，且楼板高差大于层高的 1/4。

3）各部分结构刚度、质量截然不同。

钢筋混凝土房屋需要设置防震缝时，应符合下列规定：

1）防震缝宽度应分别符合下列要求：

① 框架结构（包括设置少量抗震墙的框架结构）房屋的防震缝宽度，当高度不超过 15m 时不应小于 100mm；高度超过 15m 时，设计烈度 6 度、7 度、8 度和 9 度分别每增加高度 5m、4m、3m 和 2m，宜加宽 20mm。

② 框架-抗震墙结构房屋的防震缝宽度不应小于上述规定数值的 70%，抗震墙结构房屋的防震缝宽度不应小于上述规定数值的 50%；且均不宜小于 100mm。

③ 防震缝两侧结构类型不同时，宜按需要较宽防震缝的结构类型和较低房屋高度确定缝宽。

2）设计烈度 8 度、9 度框架结构房屋防震缝两侧结构层高相差较大时，防震缝两侧框架柱的箍筋应沿房屋全高加密，并可根据需要在缝两侧沿房屋全高各设置不少于两道垂直于防震缝的抗撞墙。抗撞墙的布置宜避免加大扭转效应，其长度可不大于 1/2 层高，抗震等级可同框架结构；框架构件的内力应按设置和不设置抗撞墙两种计算模型的不利情况取值。

三、变形缝的构造

1. 伸缩缝的构造

（1）墙体伸缩缝构造

为防止自然条件对墙体及室内环境的影响，外墙伸缩缝的缝内采用沥青麻丝和填缝油膏嵌缝，缝口用镀锌薄钢板、彩色薄钢板等材料盖缝。对有保温要求的外墙，可采用岩棉、玻璃棉、聚苯条（发泡聚乙烯板）、膨胀珍珠岩等保温材料填缝，如图 3-1a 所示。内墙及顶棚伸缩缝采用木板和镀锌薄钢板、铝板、不锈钢板做盖缝处理，如图 3-1b 所示。

（2）楼地面伸缩缝构造

楼地面伸缩缝的缝隙可用沥青麻丝、改性沥青麻丝、矿棉丝或发泡聚苯乙烯板等填充料填缝，面层可采用改性沥青油膏、聚氨酯改性塑料油膏、防水油膏等嵌缝膏处理，也可采用加盖预制混凝土板、橡胶、花岗石或大理石等的活动盖缝板。楼面伸缩缝构造如图 3-2a 所

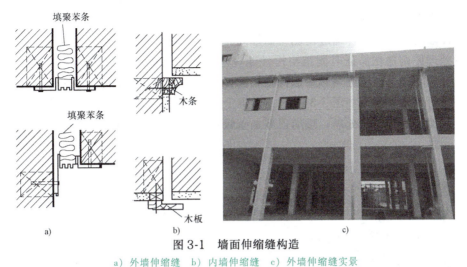

图 3-1　墙面伸缩缝构造

a）外墙伸缩缝　b）内墙伸缩缝　c）外墙伸缩缝实景

示，地面伸缩缝构造如图 3-2b 所示。

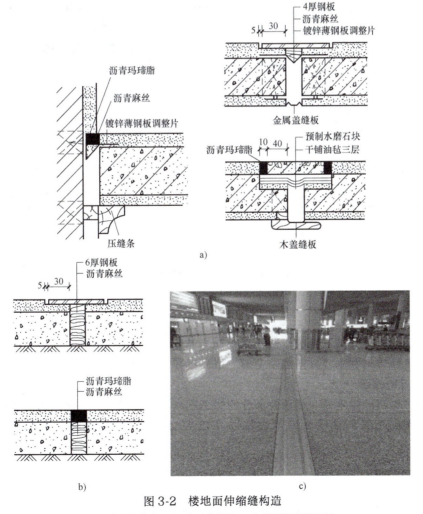

图 3-2　楼地面伸缩缝构造

a）楼面伸缩缝　b）地面伸缩缝　c）楼面伸缩缝实景

（3）屋面伸缩缝构造

屋面伸缩缝常见的有伸缩缝两侧屋面标高相同和两侧屋面错层两种构造形式，屋面伸缩缝的构造处理原则是在保证两侧结构构件能在水平方向自由伸缩的同时又能满足防水、保温、隔热等要求。当伸缩缝两侧屋面标高相同又为上人屋面时，通常用泡沫塑料或沥青麻丝嵌缝，并进行泛水处理，如图3-3所示；为不上人屋面时，则在伸缩缝两侧加砌半砖矮墙，分别进行屋面防水和泛水处理，矮墙顶部加盖镀锌薄钢板或钢筋混凝土盖缝板进行盖缝，如图3-4所示。

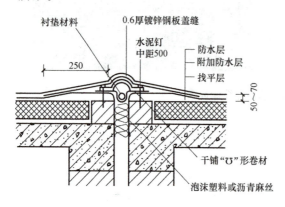

图3-3 上人屋面伸缩缝构造

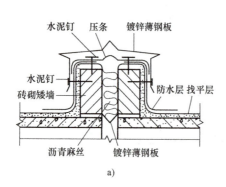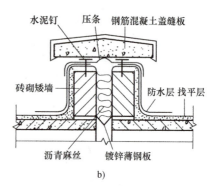

a) b)

图3-4 不上人屋面伸缩缝构造

a）顶部加盖镀锌薄钢板盖缝 b）顶部加盖钢筋混凝土盖缝板盖缝

2. 沉降缝的构造

沉降缝一般可兼起伸缩缝的作用，其构造与伸缩缝基本相同，但盖缝板及调节片构造必须保证能在水平方向和垂直方向自由变形。墙面沉降缝构造如图3-5所示。

3. 防震缝的构造

防震缝在墙身、楼地面和屋顶各部分的构造基本与伸缩缝、沉降缝的构造相同，因防震缝较宽，处理时应注意盖缝板的牢固性以及适应变形的能力。墙体防震缝构造如图3-6所示。

3.1.2 地下室

学习目标：了解地下室的概念；熟悉地下室防潮、防水的构造。

　　建筑物下部的地下使用空间称为地下室，就高层建筑设计而言，地下室设计是其不可分割的一部分，也是较为复杂而重要的一部分。地下室设计是否合理，直接影响工程造价乃至正常使用。地下室按性质分为半地下室、地下室及多层地下室；按其使用功能分为平战结合地下室（人防工程和汽车库）、商业用房（地下商场、歌舞厅等）、附建设备用房等。地下室一般由墙身、底板、顶板、门窗、楼梯等部分组成。

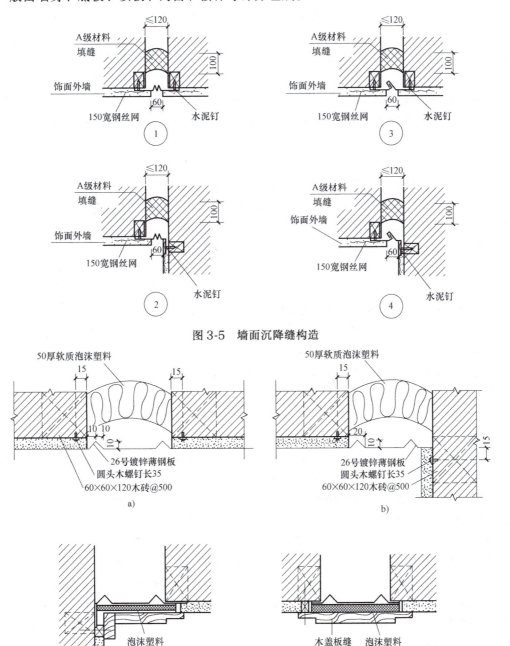

图 3-5　墙面沉降缝构造

图 3-6　墙体防震缝构造
a）外墙平缝处　b）内墙转角处　c）外墙转角处　d）内墙平缝处

地下室的防潮和防水是确保其能够正常使用的关键环节,应根据现场的实际情况确定防潮或防水的构造方案。地下室的防潮、防水做法取决于地下室地坪与地下水位的相对位置关系。

1. 地下室的防潮

当最高地下水位低于地下室底板标高 300~500mm,且在地基范围内的土壤及回填土无形成上层滞水可能时,一般采用防潮做法。对于现浇混凝土外墙,一般可起到自防潮效果,不必再做防潮处理。对于烧结普通砖墙,其构造要求是:墙体用水泥砂浆砌筑,灰缝饱满;外墙外侧用 1:2.5 水泥砂浆抹 20mm 厚,刷冷底子油一道和热沥青两道或涂刷乳化沥青、阳离子合成乳化沥青等防水冷涂料;然后在防潮层外侧回填黏土或低配合比灰土等弱透水性土,宽度约为 500mm,并逐层夯实。此外,地下室的所有墙体都必须设两道水平防潮层,一道设在地下室底板附近,另一道设在室外地坪以上 150~200mm 处,如图 3-7 所示。

2. 地下室的防水

当最高地下水位高于地下室地坪时,地下室的围护结构会受到各种水的侵蚀,应采取有效的防水措施以保证地下室防水的效果,应做好地下室防水设计。为防止压力水侵入地下室,地下室的外墙应做垂直防水处理,底板应做水平防水处理。目前,常采用的防水材料有防水卷材和防水混凝土两种。

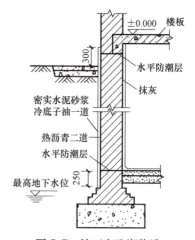

图 3-7 地下室防潮构造

(1)防水卷材

防水卷材由沥青、橡胶或其他有机材料制成,俗称油毡或油毛毡,具有良好的防水性能和较好的柔韧性。防水卷材构造又称为柔性防水,包括弹性体改性沥青防水卷材防水、聚乙烯丙纶复合防水卷材防水、三元乙丙橡胶卷材防水等。防水卷材粘贴在墙体外侧称为外包防水,粘贴在墙体内侧称为内包防水。由于外包防水的防水效果更好,因此应用较多。内包防水一般在补救或修缮工程中应用较多。

当地下室采取砖墙承重时,其防水多采用外包卷材防水处理。一般处理做法是:先浇筑地下室底板混凝土垫层,在垫层上粘贴卷材防水层(卷材层数根据水压大小选定),在防水层上抹 20~30mm 厚的水泥砂浆保护层,再在保护层上浇筑钢筋混凝土底板。在铺设卷材时,须在底板四周预留甩槎,以便与外墙垂直防水卷材搭接。外墙应砌筑在底板四周之上,外墙表面先抹 20mm 厚水泥砂浆,再刷冷底子油一道,然后粘贴防水卷材层。卷材的粘贴应错缝搭接,相邻卷材搭接宽度不小于 100mm。在垂直防水层外,要砌筑半砖厚保护墙,在保护墙和防水层之间的缝隙中灌水泥砂浆。保护墙应沿长度每隔 5~8m 设垂直通缝,根部应干铺一层油毡,以利于回填土的侧向挤压促使保护墙贴紧防水层。垂直防水层和保护墙要做到高于最高地下水位 500~1000mm,并做好收头处理。保护墙外 500mm 范围内回填弱透水性土,并逐层夯实。地下室外包卷材防水如图 3-8a、b 所示。

(2)防水混凝土

为满足结构和防水的需要,目前大多数地下室的地坪和墙体采用防水混凝土浇筑。采用防水混凝土防水时,地下室的外墙厚度一般在 200mm 以上,地坪厚度一般在 150mm 以上。

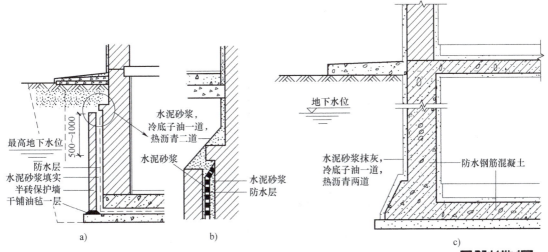

图 3-8   地下室防水

a）地下室外包卷材防水   b）墙身防水层收头处理   c）防水混凝土地下室

地下室构造

为防止地下水对混凝土的侵蚀，在墙外侧应抹水泥砂浆，再涂一道冷底子油、两道热沥青，如图 3-8c 所示。

子项目 2   办公楼施工图识读

建筑施工图简介

3.2.1   识读办公楼一层平面图

学习目标：学会识读办公楼一层平面图。

1. 看图名、比例

图 3-9 为办公楼±0.000 平面图，即一层平面图，比例为 1∶100。建筑平面图的图名一般用楼层来命名，该套图纸采用的是楼地层标高来命名。

底层平面图识读

2. 看定位轴线编号及其间距

办公楼平面图的轴线编号按照制图规范，图 3-9 中的横向轴网采用阿拉伯数字从左往右依次编号，如①~⑲轴，其间距多数为 6000mm。图 3-9 中的纵向轴网采用英文字母从下往上依次编号，如Ⓐ~Ⓔ轴，其中Ⓐ~Ⓑ轴、Ⓒ~Ⓓ轴的间距均为 7000mm，该尺寸即为房间进深；Ⓑ~Ⓒ轴间距为 2400mm，即办公楼走道宽度为 2400mm。注意，⑫轴往右为⑫轴，两轴间距为 360mm，除去墙厚 240mm，说明两堵墙的间距为 120mm，这就是伸缩缝的宽度。

3. 看平面图的各部分尺寸

建筑平面外部尺寸一般注写三道：第一道尺寸表示外轮廓的总尺寸；第二道尺寸表示轴线之间的距离，即房间的开间与进深尺寸；第三道尺寸表示外墙门窗宽度等细部尺寸。除外部尺寸外，建筑内部还有众多内部尺寸标注，主要标注内部门窗洞口的宽度及位置、墙身厚度、固定设备的大小和位置。

4. 看楼地面标高

图 3-9 中，室内标高为±0.000，室外标高为-0.600，由此可知办公楼室内外高差为 0.6m。

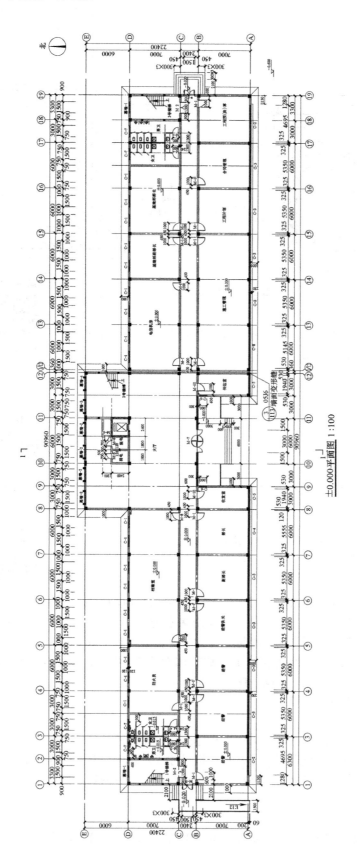

±0.000平面图 1:100

图 3-9　办公楼±0.000 平面图

5. 看门窗的位置及编号

图 3-9 中，门采用代号 M 表示，窗采用代号 C 表示，如 "M-1" "C-1" 等；另外，图中的 "幕墙-1" 表示编号为 1 的幕墙。具体的门窗、幕墙尺寸规格可参见门窗表及详图部分。

6. 看剖面的剖切符号和索引符号

图 3-9 中标注有 1—1 剖切符号，其余各层不需要再标注，可对应 1—1 剖面图查看各层剖视图。图中的 "$\frac{3}{113}$ $\frac{05J6}{墙面变形缝}$" 是索引符号，表示该处变形缝做法参见标准图集 05J6 中的 113 页第 3 号图。

3.2.2　识读办公楼屋顶平面图

　　学习目标：学会识读办公楼屋顶平面图。

屋顶平面图识读

1. 看屋顶排水分区、排水方向、坡度、雨水口的位置

办公楼屋顶平面图如图 3-10 所示，图中的 "→" 符号表示排水方向；"2%" 表示排水坡度；图中有多处地方标有符号 "○" 表示雨水口位置。

2. 看索引符号

屋顶细部做法如另有详图或采用标准图集的做法，应在平面图中标注索引符号，注明该部位所采用的标准图集的代号、页码和图号。

3.2.3　识读办公楼立面图

　　学习目标：学会识读办公楼立面图。

办公楼立面图是根据办公楼平面图两端的定位轴线的轴号进行命名的，如①~⑲轴立面图、⑲~①轴立面图、Ⓐ~Ⓔ轴立面图、Ⓔ~Ⓐ轴立面图。根据图 3-9 中指北针的方位，上述四个立面分别对应南立面、北立面、东立面及西立面。下面以①~⑲轴立面图（图 3-11）为例介绍立面图的识读方法。

1. 看图名、比例

识读立面图时要了解立面图的观察方位，要注意立面图的绘图比例、轴线编号应与建筑平面图一致，并对照识读。图 3-11 所示立面图的图名为①~⑲轴立面图，根据图 3-9 中指北针的方位，图 3-11 实际为南立面图，出图比例为 1∶100。

2. 看房屋立面的外形及门窗等的形状与位置

从图 3-11 可知，该办公楼的屋顶形式为平屋顶。对应屋顶平面图可看出⑧~⑫轴之间的机房，①~②轴、⑱~⑲轴的楼梯间较其他屋顶要高出一层。立面的形状近似矩形，同时可知门窗的形状和位置，具体门窗尺寸详见门窗详图。

3. 看立面图的标高尺寸

从图 3-11 中可看出女儿墙顶标高是 26.6m，对应屋顶平面图中的屋顶标高为 25.4m（②~⑧轴之间），说明屋顶女儿墙高度为 1.2m。从图 3-11 中可了解各部位的标高，如室内外地坪高差为 600mm 等。

4. 看房屋外墙面装修的材料与分割线

从图 3-11 中可了解办公楼各部位外立面的装修材料及色彩，如外墙采用铝板外挂，主入口处的台阶为黑色大理石，勒脚是深灰色或黑色毛石等。具体装修做法可查看设计说明第三部分的施工要求。

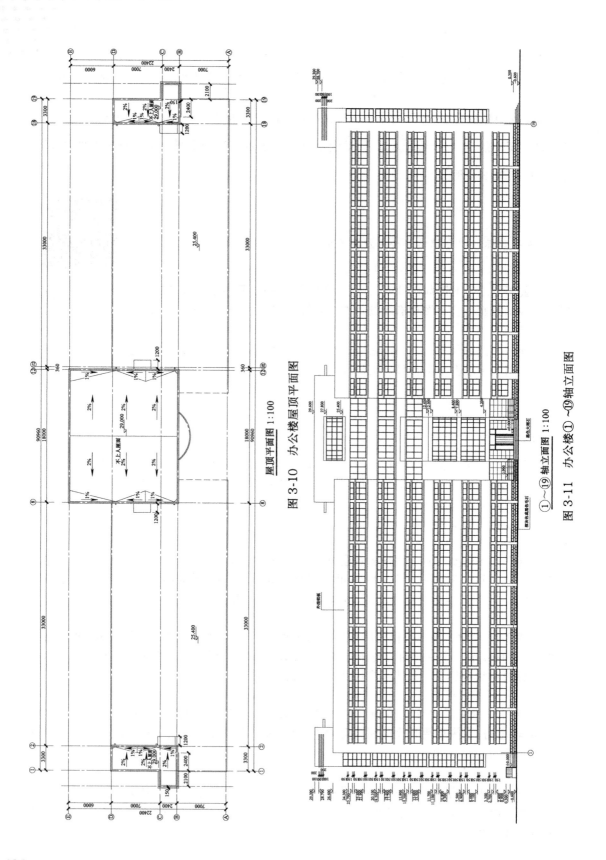

图 3-10 办公楼屋顶平面图

屋顶平面图 1:100

图 3-11 办公楼①~⑲轴立面图

①~⑲轴立面图 1:100

3.2.4　识读办公楼剖面图

　　学习目标：学会识读办公楼剖面图。

1. 看图名、比例、剖切位置及编号

　　办公楼剖面图如图 3-12 所示，图名是 1—1 剖面图，比例为 1∶100。对应到图 3-9 中，确定 1—1 剖切平面的位置在⑩~⑪轴之间，剖视方向为从东向西看。

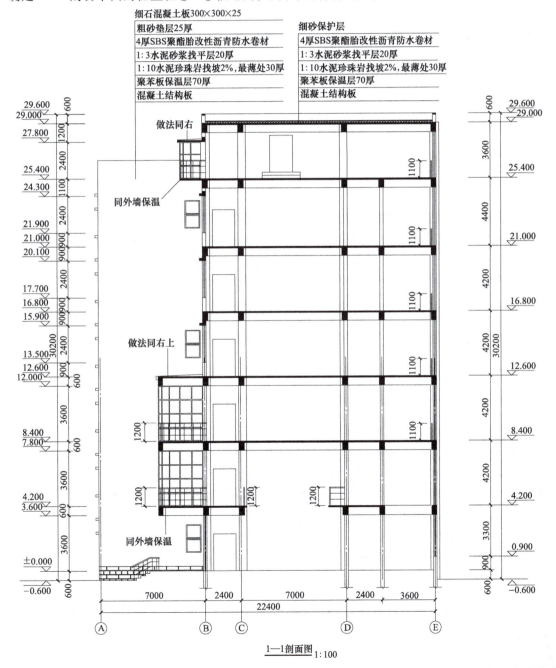

图 3-12　办公楼 1—1 剖面图

2. 看房屋内部的构造、结构形式

识读图 3-12 时，可对应各层平面图了解梁、板、屋面的结构形式、位置及其与墙（柱）的相互关系。

3. 看房屋各部分的竖向尺寸

从图 3-12 中可知室内外高差为 600mm，一层～五层的层高均为 4.2m，六层层高为 4.4m，屋顶机房层高为 3.6m，机房女儿墙顶标高为 29.6m；Ⓔ轴剖切位置上的一层窗台高度为 0.9m，三层及以上各层窗户均为落地窗，窗户内侧增设了高度为 1.1m 的护栏。

子项目3　办公楼建筑施工图绘制

3.3.1　办公楼平面图绘制

学习目标：学会办公楼平面图绘制。

一、绘制办公楼一层平面图

1. 绘制轴网

根据建筑结构确定轴线数量及间距，使用天正建筑的"绘制轴网"命令，在"轴网数据编辑"对话框中输入相应的开间、进深数值，然后在绘图区适当位置单击轴网插入点，轴网自动生成。生成的轴网通过"启用夹点"功能对轴线长度进行拉伸修改，如图 3-13 所示。

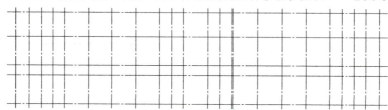

图 3-13　轴网生成

2. 轴网的修改与标注

（1）辅助轴线添加与轴线修改

轴网生成后如要添加辅助轴线，可利用天正建筑的"添加轴线"命令绘制相应的辅助轴线。可利用"轴线裁剪"功能及 CAD 的基本修改命令共同完成轴线的修改。

（2）轴网标注与修改

利用天正建筑的"轴网标注"功能完成轴网标注，然后利用"添补轴号""单轴标注"等功能进行修改，如图 3-14 所示。

3. 墙体绘制

（1）主要墙体绘制

利用天正建筑中的"绘制墙体"命令设置墙体参数，通过单击起止点绘制墙线（按<F3>键开启对象捕捉功能）。

（2）局部墙体绘制

某些次要的墙体需加画辅助轴线完成绘制，图 3-15 为绘制完成后的墙体。

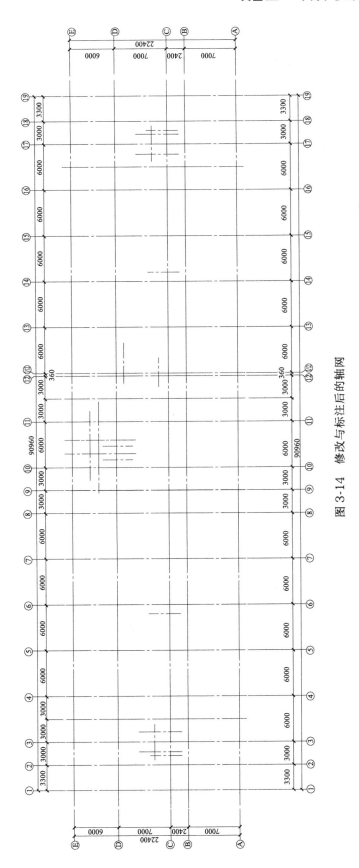

图 3-14 修改与标注后的轴网

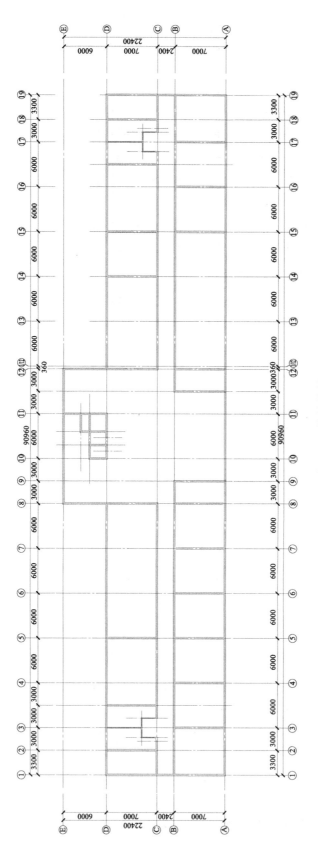

图 3-15　墙体绘制

4. 柱子插入

插入柱子时，一般利用天正建筑的"标准柱""角柱"功能设置相应参数，如图3-16所示。柱子的参数包括尺寸参数和基点定位，柱子插入完毕后如图3-17所示。

图 3-16　"标准柱"参数设置对话框

5. 门窗插入与编号

（1）门窗插入

利用天正建筑的"门窗"功能进行门窗的插入。插入时可以利用不同插入方式（如顺序插入、等分插入、定距插入等）进行门窗插入。

（2）门窗编号

既可以在插入门窗的同时设置门窗编号，也可以在门窗插入完毕后，利用天正建筑的"门窗编号"功能进行编号。

门窗插入完毕，如图3-18所示。

6. 楼梯和电梯绘制

（1）楼梯插入

复杂的楼梯平面图可采用CAD的基本绘图和修改命令完成绘制，本工程也可以利用天正建筑的"双跑楼梯"命令插入并调整修改后完成楼梯插入操作，如图3-19所示。

（2）电梯轿厢绘制

利用天正建筑的"电梯"功能进行参数设置并生成电梯平面，如图3-20所示，本工程电梯轿厢的尺寸为1100mm×1400mm。绘制完成的电梯轿厢如图3-21所示。

7. 散水和坡道绘制

（1）散水绘制

利用天正建筑的"散水"功能绘制散水，选择构成一个完整建筑物的所有墙体（或门窗、阳台），输入散水方向和宽度600mm后完成绘制。注意散水在出入口位置要断开。散水绘制如图3-22所示。

（2）坡道绘制

利用天正建筑的"坡道"功能，输入相应尺寸参数后绘制坡道。散水和坡道绘制完毕后可以利用CAD的基本修改命令进行调整修改。调整后的坡道如图3-23所示。

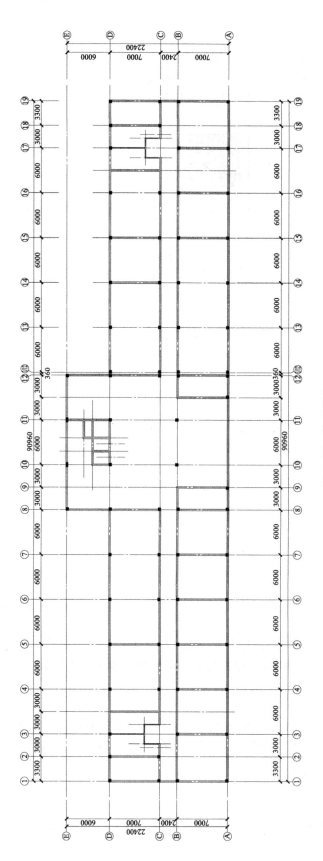

图 3-17 柱子插入

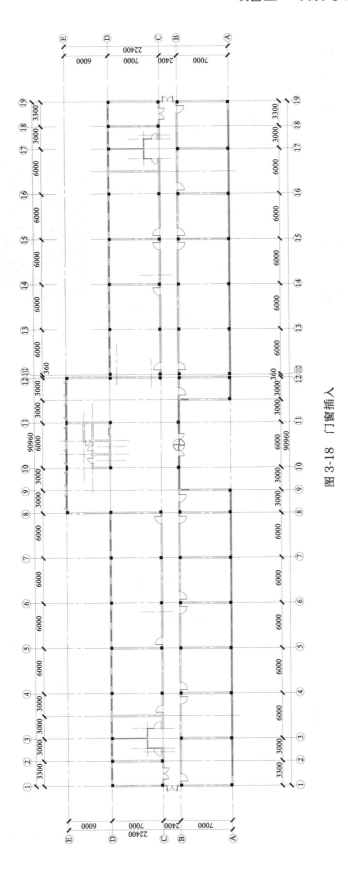

图 3-18 门窗插入

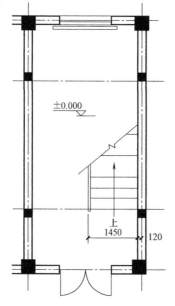

图 3-19　楼梯插入

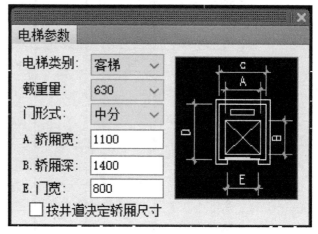

图 3-20　"电梯参数"对话框

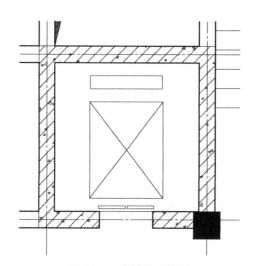

图 3-21　电梯轿厢绘制

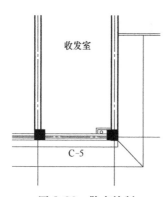

图 3-22　散水绘制

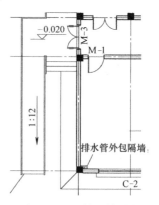

图 3-23　调整后的坡道

8. 尺寸标注

（1）外部尺寸标注

利用天正建筑的"逐点标注"功能，进行建筑平面图外部三道尺寸线的标注，如果图样的比例是 1∶100，则各道尺寸线的间距应为 800mm，如图 3-24 所示。

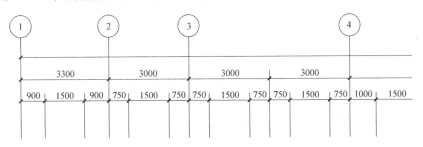

图 3-24　外部尺寸标注

（2）墙厚标注

未在说明中指明的墙厚都应在图面上进行标注，利用天正建筑的"墙厚标注"功能完成墙厚标注，如图 3-25 所示。

（3）内部尺寸标注

利用天正建筑的"两点标注""逐点标注"功能，选择所需标注的内部轴线尺寸、门窗洞口尺寸、构件尺寸等，鼠标右键单击完成选择。鼠标左键确定尺寸线位置后，按 \<Enter\>键或鼠标右键单击完成标注。完成标注后需对尺寸进行位置调整，使整体标注整齐划一，如图 3-26 所示。

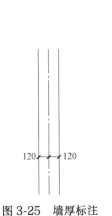

图 3-25　墙厚标注

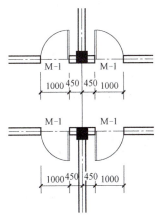

图 3-26　内部尺寸标注

9. 文字标注

利用天正建筑的"单行文字"命令，在弹出的对话框里输入文字，在命令提示行里输入文字参数，完成文字标注。

10. 标高标注

利用天正建筑的"标高标注"命令，在图纸相应位置单击鼠标右键，在命令提示栏里输入标高数值，完成标高标注，如图 3-27 所示。

11. 剖切线绘制

利用天正建筑的"剖切符号"命令，选择好剖切位置后鼠标右键单击完成，然后用鼠标左键选择剖视的方向，在命令提示行里输入剖切编号，完成剖切线绘制。注意只在一层平面图中标注剖切位置。

12. 指北针绘制

利用天正建筑的"画指北针"命令绘制指北针，要选择好正北方向，确定好指北针方位。

13. 索引符号标注

利用天正建筑的"索引符号"命令绘制索引符号，分别选择"剖切索引"和"指向索引"插入。索引编号按照图纸编排，在命令提示栏里输入相应数值，完成后如图3-28所示。

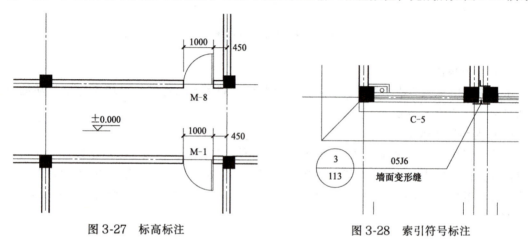

图3-27　标高标注　　　　　　　　　　图3-28　索引符号标注

14. 箭头引注

选择天正建筑的"箭头引注"命令，弹出对话框，在"上标文字""下标文字"中输入所需标注的文字，同时设置箭头的形式、大小以及文字高度，再用鼠标左键点取标注的位置，如图3-29所示。

15. 图库插入及细部绘制

（1）家具、洁具插入

选择天正建筑的"通用图库"命令在相应位置插入图块。

（2）细部绘制

利用CAD的基本绘图和修改命令绘制相应的空调外机、隔断线、高差线等。

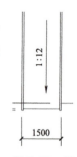

图3-29　箭头引注

16. 图名标注、比例标注、图框插入

（1）图名标注、比例标注

选择天正建筑的"图名标注"功能，在弹出的对话框中输入文字"一层平面图 1：100"，然后鼠标左键点取标注位置，并设置文字大小，完成标注。

（2）图框插入

选择天正建筑的"插入图框"功能，在弹出的对话框中选择图框类型（A0、A1、A2、A3、A4），选择"A2"插入，再选择会签栏、图标，完成标注。

二、绘制办公楼二层、三层平面图

标准层平面
图绘制（一）　　标准层平面
图绘制（二）

1. 复制一层轴网

关闭一层平面图除了轴线层以外的其他图层，然后复制。当然，也可以利用天正建筑的"轴网绘制"命令重新绘制二层、三层的轴网。

2. 绘制墙体

方法同一层平面图。

3. 插入柱子

方法同一层平面图，柱子与一层平面图相同的位置可复制插入。

4. 门窗插入与编号

方法同一层平面图。

5. 楼梯和电梯绘制

方法同一层平面图。注意二层、三层的楼梯平面与一层的楼梯平面有所不同，如图3-30所示。

6. 相关标注

相关标注包括尺寸标注、文字标注、标高标注及索引符号标注，具体标注方法均与一层平面图相同。

7. 图库插入及细部绘制

同一层平面图。

8. 图名标注、比例标注、图框插入

同一层平面图。

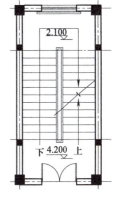

图 3-30　二层、三层
楼梯平面

三、绘制办公楼四层~六层平面图

1）复制三层平面图。

2）删除图样中不同的部分，主要是标高、门窗等。

3）标高修改。对原标高进行基本的修改操作，完成多个标高的标注。

4）图名修改。细部用CAD的基本绘图命令完成修改，修改图名完成四层~六层平面图绘制。

四、绘制机房层平面图

1. 复制六层平面图

复制时删除图样中不同的部分，仅保留出屋面楼梯间、机房墙体与部分门窗。将六层平面图中的功能用房墙体与门窗删除，并沿原外墙轴线添加女儿墙，调整出屋面空间及门窗，如图3-31所示。

2. 机房层楼梯间处理

机房层楼梯可采用天正建筑的"双跑楼梯"命令进行插入，注意选择楼梯的"层类型"为"顶层"，如图3-32所示。

3. 屋面细部绘制

主要针对出屋面的风道、门洞、踏步、设备基础等进行绘制，如图3-33所示。

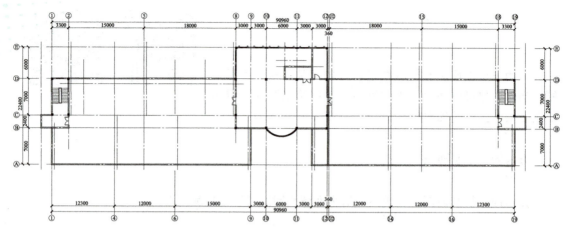

图 3-31　机房层平面处理与女儿墙绘制

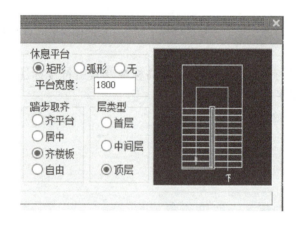

图 3-32　出屋面楼梯的插入

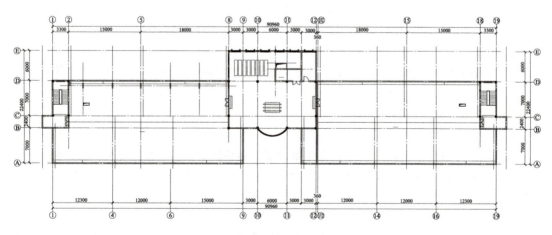

图 3-33　屋面细部绘制

4. 屋面坡度标注

利用天正建筑的"箭头引注"命令进行屋面坡度标注。

5. 屋面排水绘制

用 CAD 的基本绘图命令完成雨水口的绘制，利用天正建筑的"箭头引注"命令完成排水箭头的绘制，最后进行排水坡度的标注，如图 3-34 所示。

6. 相关标注补充

相关标注补充包括细部尺寸标注、文字标注、标高标注、索引符号标注。其中，索引符号标注利用天正建筑的"索引符号"命令绘制，选择"剖切索引"命令插入。索引编号按照图纸编排或者按照所选用的图集代号编排，在命令提示栏里输入相应数值。标注添加完成后如图 3-35 所示。

图 3-34　屋面排水绘制（机房层）

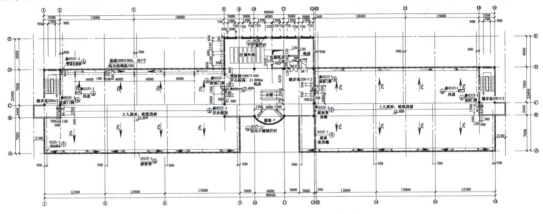

图 3-35　机房层平面图标注补充

7. 图名标注、比例标注、图框插入

修改图名，完善图样，插入图框，完成机房层平面图的绘制。

五、绘制办公楼屋顶平面图

1. 复制机房层平面图并绘制女儿墙

复制时去除原机房层平面图的门窗，沿楼梯间及机房顶部轴线绘制女儿墙。

2. 屋面细部绘制

屋面细部绘制主要是屋顶雨篷的添加与标注，如图 3-36 所示。

3. 屋面坡度标注

标注方法同机房层平面图。

4. 屋面排水绘制

屋面排水绘制主要是机房及楼梯间的不上人屋面部分的排水绘制，如图 3-37 所示。

5. 相关标注补充

相关标注补充包括细部尺寸标注、文字标注、标高标

屋顶平面图
绘制（一）　　屋顶平面图
绘制（二）

图 3-36　屋面细部绘制

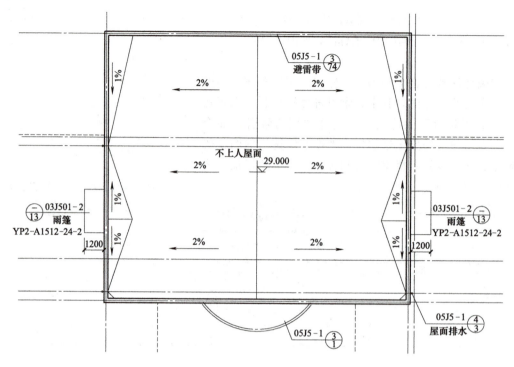

图 3-37　屋面排水绘制（屋顶平面图）

注、索引符号标注，标注方式同机房层平面图，如图 3-38 所示。

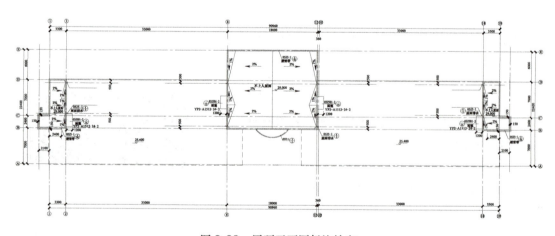

图 3-38　屋顶平面图标注补充

6. 图名标注、比例标注、图框插入

修改图名，完善图样，插入图框，完成屋顶平面图的绘制。

3.3.2　办公楼立面图绘制

学习目标：学会办公楼立面图绘制。

一、办公楼①~⑲轴立面图绘制（南立面图绘制）

1. 作图准备

复制一层平面图作为绘制南立面图的参考。

2. 层高线绘制

在标准层平面图下，在 DOTE 图层（轴线层）绘制室内外高差线及层高线，用 CAD 的"绘制直线""偏移"命令完成，如图 3-39 所示。

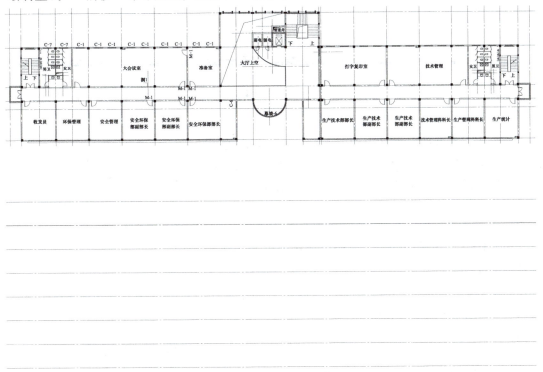

图 3-39　层高线绘制

3. 一层~六层南立面图绘制

绘制时要先确定立面元素的位置，操作时要与一层平面图对正，在其下方确定墙、窗、门的左右边界位置，再按设计要求确定窗上下沿的位置，用 CAD 的"偏移"命令完成，然后绘制立面的窗台等元素，如图 3-40 所示。

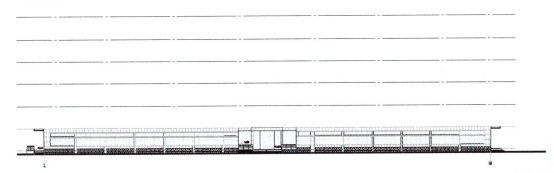

图 3-40　一层南立面图绘制

绘制完一层，用复制的方式完成中间层立面的绘制，然后完成中间层立面细部线条的绘制，如图 3-41 所示。

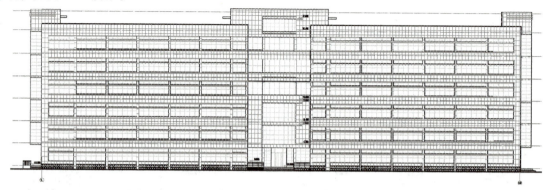

图 3-41 一层 ~六层南立面图绘制

4. 屋顶南立面图绘制

删除作为参考的一层平面图，原位替换为屋顶平面图，重复上述步骤 3，先用辅助线确定立面元素的位置，再用 CAD 的基本绘图命令完成立面元素的细致绘画，如图 3-42 所示。

5. 绘制并修改楼层交接部位的线脚等细部

用 CAD 的基本绘图命令完成楼层交接部位的线脚等细部的修改与绘制。

6. 立面尺寸、标高标注、索引符号插入

用 CAD 的基本绘图命令插入立面尺寸、标高标注、索引符号。

7. 立面材质填充与材质标注

用 CAD 的基本绘图命令完成立面材质填充与材质标注操作。

8. 图面修饰、图名标注、比例标注、图框插入

单击"多段线"命令，沿立面一周主要轮廓线绘制多段

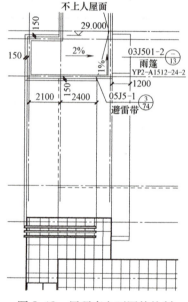

图 3-42 屋顶南立面图的绘制

线；修改图名，完善图样，插入图框，完成办公楼①~⑲轴立面图的绘制，如图 3-11 所示。

二、Ⓔ~Ⓐ轴立面图（西立面图）、Ⓐ~Ⓔ轴立面图（东立面图）绘制

1）作图准备。复制各层平面图，用"旋转"命令使平面图的西侧朝下，作为绘制西立面图的参考。绘制东立面图时，平面图的东面朝下进行绘制。

2）其他绘图步骤同办公楼①~⑲轴立面图的绘制。

三、⑲~①轴立面图绘制（北立面图）

1）作图准备。复制各层平面图，用"旋转"命令使平面图的北侧朝下，作为绘制北立面图的参考。

2）其他绘图步骤同办公楼①~⑲轴立面图的绘制。

3.3.3　办公楼 1—1 剖面图绘制

学习目标：学会办公楼 1—1 剖面图绘制。

1. 作图准备

复制一层平面图，用"旋转"命令使剖视方向朝上。为清晰起见，可在剖切线位置画一条辅助线，删除所有辅助线下方的图线，用"修剪""删除"命令完成绘制。

2. 层高线绘制

在一层平面图下方，在 DOTE 图层绘制室内外高差线及层高线，用"绘制直线""偏移"命令完成，如图 3-43 所示。

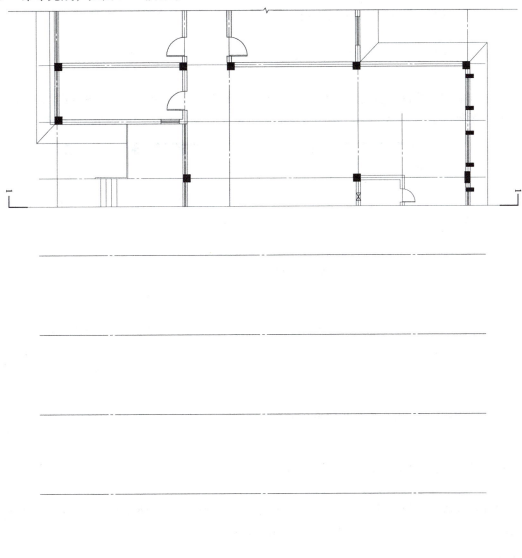

图 3-43　剖面图层高线绘制

3. 一层剖面图绘制

用辅助线确定楼板、梁高的位置，在确定的位置上绘制剖面元素。绘制完一层剖面后，可以制成图块，以重复复制的形式完成中间层的剖面绘制。

4. 六层剖面图绘制

删除作为参考的一层平面图，原位替换为六层平面图，重复步骤3。先用辅助线确定剖面元素的位置，再用CAD的基本绘图命令完成剖面元素的绘画。

5. 机房层剖面图绘制

删除作为参考的平面图，原位替换为机房层平面图，重复步骤3。先用辅助线确定剖面元素的位置，再用CAD的基本绘图命令完成机房层剖面元素的绘画。

6. 可见部分的绘制

剖面图中的可见部分可从相应的立面图上复制过来，对齐之后再进行修改。

7. 尺寸标高标注

剖面图中的尺寸标高可从相应的立面图上复制过来，对齐之后再进行修改。

8. 剖切部位混凝土填充

由于剖面图的绘图比例为1∶100，所以混凝土部分的填充只需填实（SOLID），不需要填充相应图例，如图3-44所示。剖切部位混凝土填充完成后，整个剖面图绘制完成。

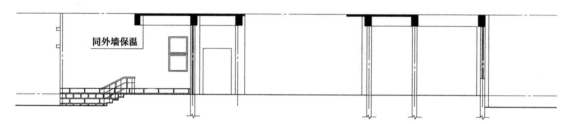

图3-44　剖切部位混凝土填充

9. 图面修饰、图名标注、比例标注

利用天正建筑的"图名标注"命令进行图样的图名和比例标注，然后对图面进行清理、修饰，完成剖面图的绘制。

3.3.4　办公楼屋面檐沟详图绘制

学习目标：学会办公楼屋面檐沟详图绘制。

1. 绘制檐沟轮廓尺寸

用CAD的基本绘图命令完成檐沟轮廓尺寸绘制。

2. 檐沟防水层绘制

鼠标左键依次选择"主菜单"→"图库图案"→"线图案"→"防水层"，设定好参数后，沿需设置防水层的轮廓线绘制，也可利用CAD基本绘图命令完成。

3. 屋面保温层绘制

鼠标左键依次选择"主菜单"→"图库图案"→"线图案"→"保温层"，设定好参数后，沿需设置保温层的轮廓线绘制，也可利用CAD基本绘图命令完成。

素质拓展

北京大兴国际机场的航站楼是全球首座高铁地下穿行的机场航站楼、全球首座双层出发双层到达的航站楼、世界最大单体机场航站楼。整个工程开发应用了 103 项专利和新技术，65 项新工艺和新工法；国产化率达到 98% 以上，工程验收一次合格率 100%，13 项关键建设指标全部达到世界一流水平……，展示了中国基建的雄厚实力，展现了中国精神和中国力量。

北京大兴国际机场

北京大兴国际机场航站楼一共使用了 12800 块玻璃，其中穹顶使用玻璃 8000 多块，这一设计让航站楼内 60% 的区域实现了天然采光。全面的绿色航站楼设计，让大兴国际机场航站楼比同等规模的机场航站楼的能耗降低了 20%，每年可减少二氧化碳排放 2.2 万 t。这充分展示了我国坚定不移地走生态优先、绿色低碳的高质量发展之路的决心。

在北京大兴国际机场航站楼 5 个指廊的尽头，5 个主题园林惊艳亮相：丝园、茶园、瓷园、田园和中国园，为旅客提供了具有东方神韵的休憩观赏之地。航站楼内部同样强化了绿植景观设计，为旅客带来"一步一景、人在景中、景随人动"的观景新体验。除了绿植之外，大兴国际机场航站楼还有大量的公共艺术设施，设计者们对艺术品陈列和趣味视点进行了创新设计，助力航站楼内视觉内容的升级，让旅客在候机之余得到充分的文化滋养，这全面展示了"中国服务"的时代风采和品牌力量，弘扬了中国人文精神，彰显了文化自信。

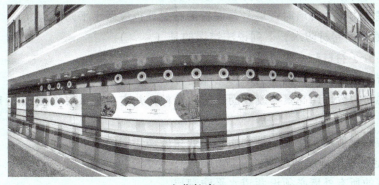

文化长廊

练 / 习 / 题

1. 为防止建筑物因温度变化发生不规则破坏而设的缝为（　　）。

A. 分仓缝　　　　B. 沉降缝　　　　C. 防震缝　　　　D. 伸缩缝

2. 为防止建筑物因不均匀沉降导致破坏而设的缝为（　　）。

A. 分仓缝　　　　B. 沉降缝　　　　C. 防震缝　　　　D. 伸缩缝

3. 抗震设防烈度为（　　）的地区应考虑设置防震缝。

A. 6度　　　　B. 6度以下　　　　C. 7~9度　　　　D. 9度以上

4. 防震缝的缝宽不得小于（　　）。

A. 70mm　　　　B. 50mm　　　　C. 100mm　　　　D. 20mm

5. 为防止建筑物在外界因素影响下产生变形和开裂导致结构发生破坏而设的缝为（　　）。

A. 分仓缝　　　　B. 构造缝　　　　C. 变形缝　　　　D. 通缝

6. 属于建筑物变形缝的是（　　）。

①防震缝　　　　②伸缩缝　　　　③施工缝　　　　④沉降缝

A. ①②③　　　　B. ①②④　　　　C. ①③④　　　　D. ②③④

7. 15m 高的框架结构房屋必须设防震缝时，其最小宽度应为（　　）。

A. 8cm　　　　B. 7cm　　　　C. 6cm　　　　D. 5cm

8. 在地震区地下室用于沉降的变形缝的宽度，宜为（　　）。

A. 20~30mm　　　　　　　　B. 40~50mm

C. 70mm　　　　　　　　　　D. 等于上部结构防震缝的宽度

9. 当最高地下水位（　　），一般只做防潮处理。

A. 高于地下室地坪时　　　　　　B. 高于地下室地坪 300mm 时

C. 低于地下室地坪时　　　　　　D. 高于地下室地坪 100mm 时

10. 对地下室防潮做法的表述，下列说法正确的是（　　）。

A. 地下室的防潮应设水平防潮层与垂直防潮层各一道

B. 当最高地下水位低于地下室底板 200mm 时，只做防潮处理

C. 地下室的防潮，砌体必须用防水砂浆砌筑

D. 地下室的内墙为砖墙时，墙身与底板的相交处也应做水平防潮层

11. 关于地下室卷材防水，下列说法错误的是（　　）。

A. 采用高分子卷材时一般只铺一层，厚度应大于等于 1.5mm

B. 卷材防水层应铺设在混凝土结构主体的背水面上

C. 防水卷材一般采用高聚物改性沥青防水卷材，并应在防水层外侧砌筑 120mm 厚的保护墙

D. 卷材防水层适用于受侵蚀性介质作用或受振动作用的地下工程

12. 对于地下室防潮层的做法，正确的是（　　）。

A. 地下室的所有外墙必须设两道水平防潮层

B. 在地下室地坪附近必须设水平防潮层

C. 在室外地面散水以下 150~200mm 的位置处应设防潮层

D. 当地下室的地面设防潮层时，常设在垫层与地面面层之间

E. 当地下室的地面设防潮层时，其位置应低于墙身水平防潮层

13. 关于地下室防潮的说法正确的是（　　　）。

A. 当地下室地坪位于常年地下水位以上时，地下室需做防潮处理

B. 对于砖墙，墙体必须采用水泥砂浆砌筑，灰缝要饱满

C. 地下室的所有墙体都必须设一道水平防潮层

D. 地坪层设防潮层时，一般设在垫层与地面面层之间

E. 地坪层设防潮层时，其与墙身水平防潮层应上下错开

14. 地下室防潮包括＿＿＿＿防潮和＿＿＿＿防潮两个方面，以使整个地下室防潮层连成整体，形成整体防潮。

项目四

识读与绘制工业厂房建筑施工图

子项目1 工业建筑基础知识

4.1.1 工业建筑的特点

学习目标：熟悉工业建筑的特点。

工业建筑是指用于工业生产的各种房屋，一般称为工业厂房。它与一般民用建筑一样要求体现适用、经济、安全、美观等原则，在建筑材料、建筑技术方面也与民用建筑类似。但由于工业厂房生产工艺复杂、生产环境多样，在使用要求、室内通风与采光、屋面排水及构造等方面具有以下特点：

（1）厂房的生产工艺要求决定了厂房的建筑平面和形状布置

工业产品的生产往往要经过一系列的加工过程，这个过程称为生产工艺流程。厂房的设计是在工艺设计人员提出的工艺设计图的基础上进行的，首先应满足生产工艺布置的要求，为产品生产及工人的劳动创造良好的环境。

（2）厂房内部空间大，结构承载力大，往往有起重运输设备

大多数厂房生产设备多、体量大，各部分生产关系密切，并有多种起重运输设备通行，因此厂房内需要有较大的通透空间。例如设置桥式起重机的厂房跨度一般在18m以上，室内净高一般在8m以上；有6000t以上水压机的锻压车间，室内净高可超过20m。

（3）厂房屋顶构造复杂

当厂房宽度较大时，特别是多跨厂房，为满足室内采光、通风要求，屋顶上通常设有天窗，同时还有屋顶的防水和排水问题，导致屋顶结构十分复杂。

（4）需满足生产工艺的某些特殊要求

由于生产工艺复杂多样，往往形成了不同的生产环境，为保证生产质量，厂房设计常要采取一些技术措施来解决这些特殊问题。如精密机械厂房、生物及制药厂房等要保持室内空气具有一定的温度、湿度、洁净度等，要采取空气调节、防尘等技术措施；热加工车间，生产中会产生大量余热及有害烟尘等，需加强厂房的通风。

4.1.2 工业建筑的分类

学习目标：掌握工业建筑的分类。

1. 按用途分类

1）主要生产厂房。主要生产厂房是指用于完成产品从原料到成品的加工的主要工艺过程的厂房，如机械制造厂中的铸工车间、机械加工车间和装配车间等。

2）辅助生产厂房。辅助生产厂房是指为主要生产厂房服务的各类厂房，如机械制造厂中的机修车间、工具车间等；材料库、木材库、油料库和成品库等仓储类厂房；锅炉房、变电站、煤气发生站、压缩空气站等动力类厂房；机车库、汽车库等运输用房屋。

2. 按生产状况分类

1）冷加工车间。冷加工车间是指生产操作是在正常温度、湿度条件下进行的车间，例如机械加工车间、机械装配车间。

2）热加工车间。热加工车间是指生产过程中散发大量热量和烟尘的车间，例如炼钢厂、轧钢厂的铸工车间和锻工车间。

3）恒温恒湿车间。恒温恒湿车间是指在稳定的温度和湿度条件下进行生产的车间，例如精密机械车间、纺织车间。

4）洁净车间。洁净车间是指为防止大气中灰尘和细菌的污染，要求保持车间内高度洁净的生产车间，例如集成电路车间、精密仪表加工和装配车间。

5）其他特殊状况的车间，例如在有爆炸可能、有大量腐蚀物、有放射性散发物等状态下进行生产的车间。

3. 按层数分类

1）单层厂房。单层厂房适用于一些生产设备体积较大或振动较大，原材料或产品较重的重型机械制造工业、冶金工业等厂房。

2）多层厂房。多层厂房适用于垂直方向组织生产和工艺流程的生产车间、设备车间和产品较轻的车间，如轻纺、电子、仪表等厂房。

3）混合层次厂房。混合层次厂房内既有单层又有多层，如热电厂的主厂房，汽轮发电机设在单层跨，其他设备放在多层跨。

4.1.3　单层工业建筑的构造组成

学习目标：熟悉单层工业建筑的构造组成。

单层工业建筑一般跨度和高度尺寸较大，同时还有起重荷载，通常采用骨架承重结构。骨架承重结构体系可分为排架结构、钢架结构和空间结构，其中排架结构是单层厂房中应用较多的一种结构形式，其梁、柱之间为铰接，可以适应较大荷载。排架结构有钢筋混凝土排架（现浇或预制装配施工）和钢排架两种类型，一般由基础、屋架（屋面大梁）、屋面板、连系梁、圈梁、吊车梁、抗风柱等组成，如图4-1所示。

1. 承重构件

（1）柱

柱是厂房的主要承重构件，它承受屋盖、吊车梁、墙体上的荷载以及从山墙传来的风荷载，并把这些荷载传给基础。柱子的截面形式通常有矩形柱、工字形柱、双肢柱等，如图4-2所示。

（2）基础

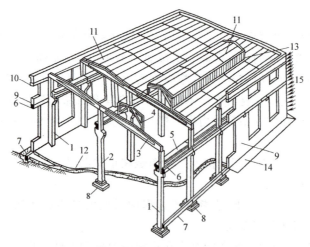

图4-1 排架结构单层工业厂房构造组成

1—边柱 2—中柱 3—屋面大梁 4—天窗架 5—吊车梁 6—连系梁 7—基础梁 8—基础
9—外墙 10—圈梁 11—屋面板 12—地面 13—天窗扇 14—散水 15—风荷载

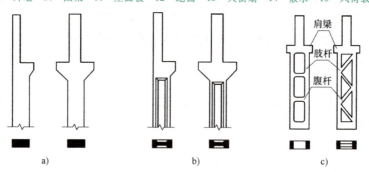

图4-2 常用工业厂房柱的截面形式

a）矩形柱 b）工字形柱 c）双肢柱

基础承受从柱和基础梁传来的全部荷载，并将这些荷载传给地基。当单层厂房采用排架结构时，其柱下基础常采用杯形基础，如图4-3所示。

（3）基础梁

基础梁承受上部外墙荷载，并把它传给基础。单层厂房排架结构的外墙通常为自承重墙，其墙下一般不做条形基础，而是支承于基础梁上。

（4）屋架及屋面梁

屋架及屋面梁是屋盖的主要承重构件之一，承受屋盖上的全部荷载并传递给柱子。常见的屋架有预应力钢筋混凝土屋架和钢屋架两类。屋面梁为了减轻自重，充分发挥混凝土的作用，使其受力合理，常做成薄腹梁的形式。

（5）屋面板

屋面板铺设于屋架、檩条或天窗架上，直接承受

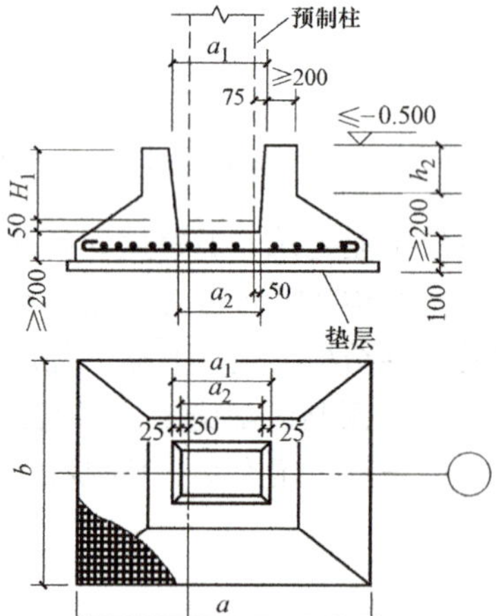

图4-3 杯形基础

a—基础长 b—基础宽 H_1—柱子插入深度
h_2—杯口高 a_1—杯口上口长度 a_2—杯口下底长度

各类荷载并传递给屋架。常见的屋面板有钢筋混凝土槽形板、彩钢板等。

（6）吊车梁

当厂房根据工艺要求需布置起重机作为内部起重运输设备时，一般沿厂房纵向布置吊车梁，以便安装起重机的运行轨道。吊车梁一般装设在柱子的牛腿上，它直接承受起重机的荷载，包括起重机的自重、起重机的起重量以及起重机起动和制动时产生的纵、横向水平荷载，并把这些荷载传递给柱子。吊车梁对保证厂房的纵向刚度和稳定性起着重要作用。

（7）连系梁

连系梁是厂房纵向柱列的水平连系构件，主要用来增强厂房的纵向刚度，并传递风荷载至纵向柱列。

（8）支撑系统

支撑系统构件包括柱间支撑和屋盖支撑两部分，分设于屋架和纵向柱列之间，其作用主要是加强厂房的整体空间刚度，同时能传递水平荷载，如山墙风荷载及起重机的纵向制动荷载等，此外还保证了结构和构件的稳定性。

（9）抗风柱

单层厂房的山墙比较高大，需承受较大的水平风荷载，因此单层排架结构中的自承重山墙处需设置抗风柱，以增加墙体的刚度和稳定性。

2. 围护结构

单层工业厂房的围护结构一般由外墙、抗风柱、墙梁、基础梁等构件组成，所承受的荷载主要是墙体和构件的自重以及作用在墙上的风荷载。

4.1.4　单层工业建筑柱网布置及定位轴线标定

学习目标：熟悉单层工业建筑柱网布置及定位轴线标定。

1. 柱网的布置

厂房承重柱的纵向和横向定位轴线，在平面上所形成的网格称为柱网，如图4-4所示。

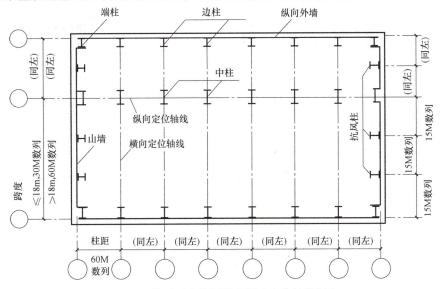

图4-4　单层厂房柱网的布置及定位轴线划分

工业厂房的柱网尺寸由柱距和跨度组成，跨度是指柱子纵向定位轴线之间的距离，柱距是指柱子横向定位轴线之间的距离。柱网布置的一般原则：符合生产工艺和正常使用的要求；建筑和结构经济合理；施工方法具有先进性；符合厂房建筑统一化基本规则；适应生产发展和技术革新的要求。

厂房的跨度在18m及以下时，应采用扩大模数30M数列；在18m以上时，应采用扩大模数60M数列。当跨度在18m以上、工艺布置有明显优越性时，也可采用扩大模数30M数列。另外，厂房的柱距应采用扩大模数60M数列。

2. 定位轴线的标定

单层厂房的定位轴线是控制厂房主要承重构件位置及标志尺寸的基准线，同时也是设备定位、安装及厂房施工放线的依据。

（1）横向定位轴线

横向定位轴线主要用来控制厂房纵向构件（如屋面板、吊车梁）的位置，注意要标注它们的长度方向的标志尺寸。

1）中间柱与横向定位轴线的关系。除山墙端部排架以及横向伸缩缝处以外，中柱的横向定位轴线一般与柱的中心线相重合，且通过屋架中心线和屋面板的横向接缝中心，如图4-5所示。

2）山墙与横向定位轴线的关系。当山墙为非承重墙时，横向定位轴线与山墙内缘相重合，并与屋面板的端部形成封闭式联系，端部排架柱中心线自定位轴线向内移600mm，如图4-6所示；当山墙为承重墙时，横向定位轴线与墙体内缘的距离，按墙体的块材类别分别为半块或半块的倍数，或墙

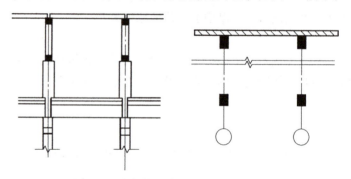

图4-5 中间柱与横向定位轴线的关系

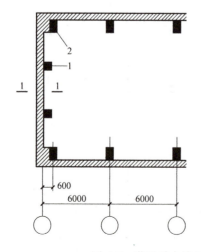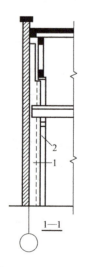

图4-6 非承重山墙与横向定位轴线的关系

1—山墙抗风柱 2—厂房排架柱（端柱）

厚的一半，屋面板直接搁置于墙上，其内移的尺寸即为屋面板的搁置长度，如图 4-7 所示。

3）横向变形缝与横向定位轴线的关系。横向变形缝一般采用双柱双轴线处理，两柱的中心线应从横向定位轴线向变形缝的两侧各移 600mm，两条定位轴线之间的距离等于变形缝的宽度，即插入距离 a_i 等于变形缝的宽度 a_e，如图 4-8 所示。

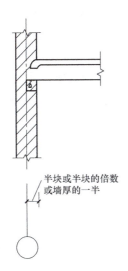

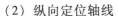

半块或半块的倍数或墙厚的一半

图 4-7　承重山墙与横向定位轴线的关系

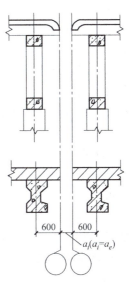

600　600

$a_i(a_i=a_e)$

图 4-8　横向变形缝与横向定位轴线的关系

（2）纵向定位轴线

纵向定位轴线主要用来标定厂房横向构件（如屋架或屋面梁）的位置，是标注它们长度方向的标志尺寸。纵向定位轴线的具体位置应使厂房结构和起重机的规格相协调，同时也使起重机和柱子之间留有足够的安全距离，必要时还应设置检修起重机的安全走道板。

1）边柱与纵向定位轴线的关系。受起重机起重量、柱距、跨度、是否有走道板等因素的影响，边柱外缘与纵向定位轴线的联系有两种情况：

① 封闭式结合的纵向定位轴线：在无起重机或有悬挂式起重机的厂房，以及柱距为 6m、起重机起重量 $Q \leqslant 20t$ 的厂房中，可采取封闭式结合，即边柱外缘和墙内缘与纵向定位轴线相重合，如图 4-9a 所示。

② 非封闭式结合的纵向定位轴线：当柱距为 6m，起重机起重量 $Q > 30t$ 时，可采用非封闭式结合的纵向定位轴线，即边

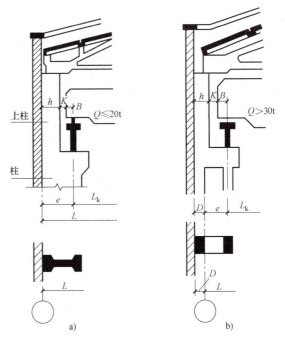

图 4-9　边柱与纵向定位轴线的关系

a）封闭式结合　b）非封闭式结合

h—上柱宽度　K—上柱内缘至起重机桥架端部的缝隙宽
B—桥架端头长度　L—厂房跨度　D—联系尺寸
e—起重机轨道中心线至纵向定位轴线的距离　L_k—起重机跨度

柱外缘与纵向定位轴线之间应加设联系尺寸 D。D 一般为 150mm，当 $Q>50t$、柱距为 12m 或因设置走道板等构造需要时，D 可采用 300mm 或 300mm 的倍数，如图 4-9b 所示。

2）中柱与纵向定位轴线的关系。在多跨厂房中，中柱有平行等高跨和平行不等高跨两种形式。并且，中柱有设变形缝和不设变形缝两种情况。下面仅介绍不设变形缝的中柱与纵向定位轴线的关系。

① 当厂房为平行等高跨时，通常设置单柱和一条定位轴线，柱的中心线一般与纵向定位轴线相重合，如图 4-10a 所示，图中 h 为上柱截面高。

当等高跨两侧或一侧的起重机起重量 ≥30t、厂房柱距>6m 或有构造要求等，纵向定位轴线需采用非封闭式结合时，中柱仍然可以采用单柱，但需设置两条定位轴线。两条定位轴线之间的距离称为插入距，用 A 表示。此时，柱中心线一般与插入距中心线相重合，如图 4-10b 所示。

② 当厂房为平行不等高跨且采用单柱时，有以下四种情况：高跨上柱外缘一般与纵向定位轴线相重合，纵向定位轴线按封闭式结合设计，无需加联系尺寸，也无需两条定位轴线，如图 4-11a 所示；当上柱外缘与定位轴线不能重合时（即纵向定位轴线为非封闭式结合时），该轴线与上柱外缘之间设联系尺寸 D，低跨定位轴线与高跨定位轴线之间的插入距 A 等于联系尺寸 D，如图 4-11b 所示；当高跨和

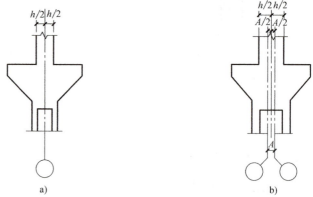

图 4-10　平行等高跨中柱与纵向定位轴线的关系
a）单柱单轴线　b）单柱双轴线

低跨均为封闭式结合，两条定位轴线之间设有封墙时，则插入距 A 等于墙厚，如图 4-11c 所示；当高跨为非封闭式结合，且高跨上柱外缘与低跨屋架端部之间设有封墙时，则两条定位轴线之间的插入距 A 等于墙厚与联系尺寸 D 之和，如图 4-11d 所示。

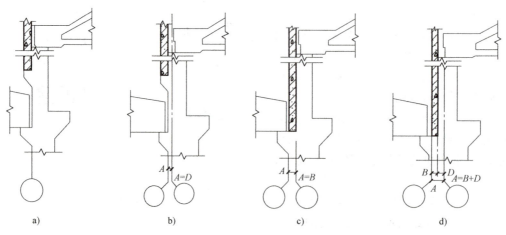

图 4-11　平行不等高跨中柱与纵向定位轴线的关系
a）单轴线封闭式结合　b）、d）双轴线非封闭式结合　c）双轴线封闭式结合

子项目2　单层工业厂房建筑施工图识图

4.2.1　识读工业厂房建筑设计说明

学习目标：学会识读工业厂房建筑设计说明。

设计说明用以表述设计图纸未能明确表达的内容，主要包括设计依据、建筑概况、建筑做法、门窗表等内容。

1) 设计依据：列举与该项目建筑设计有关的要求、规定、规范等。

2) 建筑概况：列举该项目建筑设计的基本情况，包括建筑等级、耐火等级、建筑高度、使用年限等信息。

① 建筑等级。一般建筑的耐久年限为50年，建筑等级为二级。

② 耐火等级。《建筑设计防火规范》（GB 50016—2014）规定建筑物的耐火等级分为四级，构件的燃烧性能和耐火极限不应低于相应标准。

③ 建筑高度。建筑高度是指建筑室外地坪到女儿墙顶或者檐沟的垂直高度。

④ 使用年限。使用年限是指结构和构件在正常维护条件下保持其使用功能，而不需进行大修加固所经历的时间，普通房屋和构筑物设计使用年限为50年。

3) 建筑做法。建筑做法列举内外墙、屋面、地面等建筑各个部位的工程做法。

4) 门窗表。门窗表是对该建筑所有的门窗进行的统计，如图4-12所示。统计表中列举了所有门窗的编号、门窗洞口尺寸、参考图集和不同类型的门窗数量。门窗表是进行门窗定制的依据。

门窗表

门窗类型	设计编号	洞口尺寸/mm		图集代号	编号	门窗数	备注
		宽	高				
铝合金窗	C-1	3900	2400	99浙J7	LTC3924C	19	组合窗
	C-2	3900	1500	99浙J7	LTC3915A	20	组合窗
	C-3	4800	2400	99浙J7	仿LTC2424A	10	组合窗
	C-4	4800	1500	99浙J7	仿LTC2415A	12	组合窗
彩钢板门	M-1	4500	4500	—	—	3	推拉门甲方自理

注：门窗数量以平面图为准。

图4-12　门窗表

4.2.2　识读工业厂房一层平面图

学习目标：学会识读工业厂房一层平面图。

一、看图名、比例

图4-13所示图名为一层平面图，比例为1∶150，即以实物的1/150进行绘制。

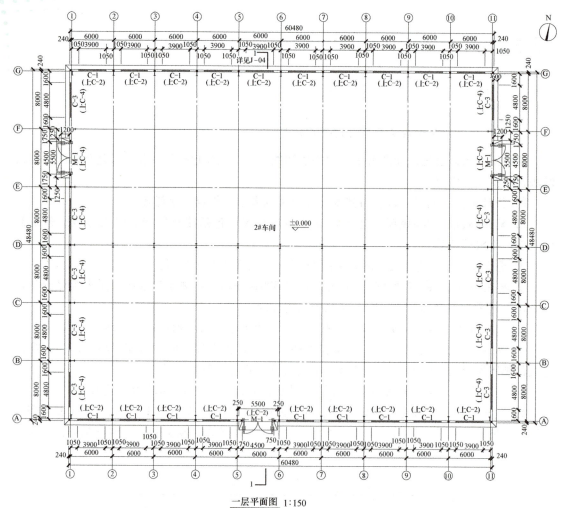

一层平面图 1:150

图 4-13　工业厂房一层平面图

二、看指北针

在一层平面图上要附注指北针 ，表示建筑物的朝向，如图 4-13 所示，指北针的方位应与总图上的方位相对应。

三、看轴网信息及柱子

工业建筑的轴网主要为跨度和柱距，在识读工业建筑图纸时主要是识读跨度及柱距尺寸，并明确建筑物的总尺寸。柱距用来定位柱子位置，跨度用来定位屋架位置，在识读轴网信息的同时也要明确柱子及屋架的布置。

四、看墙体布置、门窗布置及门窗标注

先看墙体布置，一般民用建筑施工图中，墙体居中布置在定位轴线上，而工业建筑施工图中的轴线可位于墙边。

再看门窗布置及门窗标注，本工程的门窗均位于开间、进深的中间位置，工业建筑由于层高较高，为增加采光，外墙上常设置上下双层窗户，部分门窗标注如图 4-14 所示。图中的 "C-1" 表示位于外墙下层位置的窗户编号，"（上 C-2）" 表示位于外墙上层位置的窗户编号，可结合立面图识读以方便理解。图上的门窗编号应该与设计说明中门窗表的编号一致。

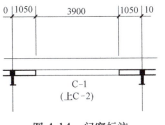

图 4-14　门窗标注

五、看地面标高

图 4-13 中的 $\frac{\pm 0.000}{\ }$ 表示该位置（工业厂房的室内地面）的标高为 ±0.000。一般定义建筑的首层室内地面标高为相对标高的基准面，将其标高定为 ±0.000。

六、看剖切符号

剖面图的剖切位置应该在一层平面图中表示出来，如图 4-13 所示，剖切方式及剖切符号的画法参考项目一相关内容。图 4-13 中的剖切符号表示剖面位置是在⑤轴与⑥轴之间，剖视方向为从右向左（或从东向西）。

七、看散水及坡道

一层平面图中一般还会表示散水所在的位置及散水尺寸。从图 4-13 中可以看出，散水沿建筑物外墙布置，遇门口坡道断开，散水尺寸在图中的右上角可见，其宽度为 600mm。

当室内外有高差时，门口应设置台阶或坡道。工业建筑考虑到车辆通行，一般设置坡道。从图 4-13 可见，在三个大门处均设置有坡道，坡道宽 5500mm，每侧超出门边 500mm。坡道长度从左侧大门处可知为 1200mm。

4.2.3　识读工业厂房屋顶平面图

学习目标：学会识读工业厂房屋顶平面图。

识读工业厂房屋顶平面图最重要的是弄清楚排水设计，屋面排水方式有有组织排水和无组织排水两类。工业厂房屋顶平面图如图 4-15 所示，其识图的步骤如下：

一、看屋面整体形态

明确屋面的造型、坡向情况、排水檐沟及雨篷的位置和尺寸，对屋面有大致了解。

二、看屋面排水坡度

图 4-15 所示屋面正中央一条横线代表分水线，即以这条线为屋脊往两侧排水，箭头所指方向为水流方向（下坡方向），排水坡度为 1：15。

三、看檐沟的排水信息

图 4-15 所示屋面的上下两侧布置有排水檐沟，檐沟局部放大如图 4-16 所示，"1%" 代表檐沟纵向排水坡度的大小，箭头方向为水流方向，小圆表示雨水管的布置位置。

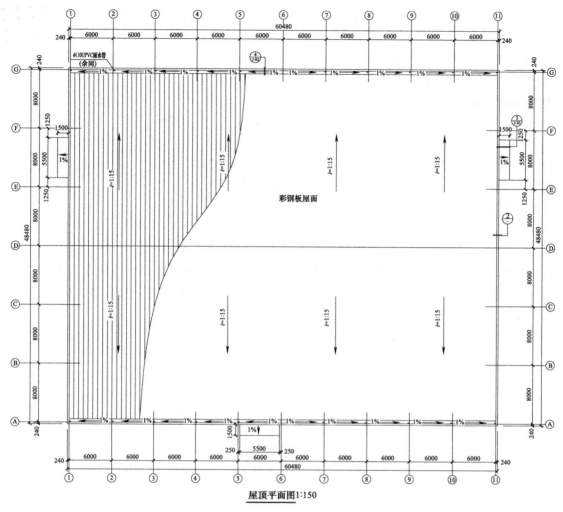

屋顶平面图1:150

图 4-15　工业厂房屋顶平面图

四、看索引符号

索引符号用来表明该处有构造详图，且表示了构造详图所处的位置。图 4-15 中共有 3 个索引符号，其中ⓖ轴处的索引符号表明了檐沟详图所在位置，⑪轴处的索引符号表明了山墙构造详图所在位置，雨篷处的索引符号表明了雨篷详图所在位置。

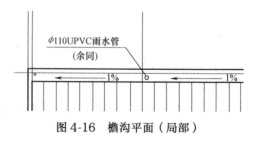

图 4-16　檐沟平面（局部）

4.2.4　识读工业厂房建筑立面图

学习目标：学会识读工业厂房建筑立面图。

建筑施工图包括建筑物各个方位的立面图，立面图必须和平面图相对应，在识读立面图之前，对平面图应该了然于心，下面以图 4-17 为例讲解识读工业厂房建筑立面图的方法。

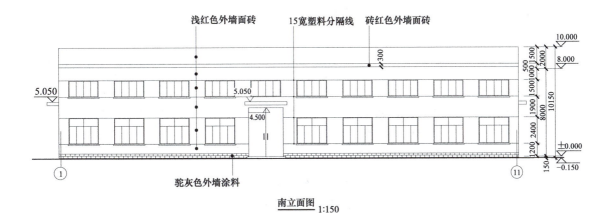

图 4-17　南立面图

一、看图名、比例、轴线及其编号

了解立面图的观察方位，立面图的绘图比例。轴线编号应与平面图一致，并对照识读。

二、看立面整体形态

明确立面整体形态、门窗位置、雨篷的位置等，且与平面图对照识读。从图 4-17 中可知，本工程的立面形状为矩形，窗分上下两层布置，图中只有一个大门设置在中间偏左位置，且大门上设有雨篷。

三、看尺寸及标高标注

在立面图一侧标注有三道尺寸，由外到内分别是总尺寸、层高尺寸和门窗细部尺寸。标高标注有原位标注和引出标注两种方式，引出标注表示在总尺寸线外侧，表示室外地坪处、每层层高处、建筑物顶部的标高；原位标注为引出标注的补充，在图 4-17 中表示雨篷的标高。通过看图 4-17 中的标注可以明确该建筑物总高度为 10m、室内外高差为 0.15m、建筑层高为 8m、女儿墙高 2m 等数据。

四、看材质标注

材质标注以引出线的方式标注，材质类别写在引出线上，引出线上的小黑点表示材质所在区域，如图 4-17 所示。

4.2.5　识读工业厂房建筑剖面图

学习目标：学会识读工业厂房建筑剖面图。

一、看图名、比例、剖切位置及编号

剖面图是在一层平面图中所示的剖切符号处剖切并投影后的结果，剖面图应该与平面图的剖切位置相对应，应结合平面图进行识读。本工程在一层平面图中表示了剖切的位置，对应的本剖面图的图名为 1—1 剖面图，绘图比例为 1：150，如图 4-18 所示。

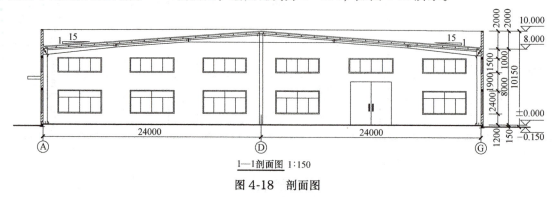

1—1剖面图 1:150

图 4-18 剖面图

二、看房屋内部的构造、结构形式

剖面图表示了梁、板、屋面的结构形式、位置及其与墙（柱）的相互关系，剖切部分的门窗应该与立面图的位置相一致，剖切部位涂黑表示为混凝土构件。

剖面图的尺寸及标高标注同立面图，但通过识读剖面图能更清楚地明确厂房的内部高度关系。

子项目3 单层工业厂房建筑施工图绘制

4.3.1 绘制工业厂房平面图

学习目标：学会绘制工业厂房平面图。

一、绘制轴网

在天正建筑中鼠标左键单击右边菜单中的"轴网柱子｜绘制轴网"命令，在弹出的"直线轴网"对话框中输入相应的开间、进深数值，然后在绘图区适当位置单击轴网插入点，轴网自动生成。具体操作时，在"类型"选择中选择"下开"，"轴间距"输入"6000"，"个数"为"10"，按<空格>键确定；在"类型"选择中选择"左进"，"轴间距"输入"8000"，"个数"为"8"，按<空格>键确定，再点击"确定"。鼠标左键在绘图界面中单击一下，轴网绘制完成。然后通过"轴改线型"命令，修改轴线线型为点画线，绘制完成后的轴网如图 4-19 所示。

工业厂房平面图识读与绘制

二、轴网标注

在天正建筑中鼠标左键单击右边菜单中的"轴网柱子｜轴网标注"命令，依次选择最左侧的起始轴和最右侧的结束轴，按<Enter>键即可完成水平方

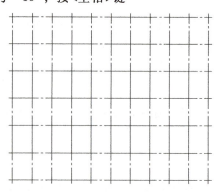

图 4-19 绘制完成后的轴网

向的轴网标注操作。再依次选择最下侧的起始轴和最上侧的结束轴，按<Enter>键即可完成
竖直方向的轴网标注操作。标注完成后的轴网如图 4-20 所示。

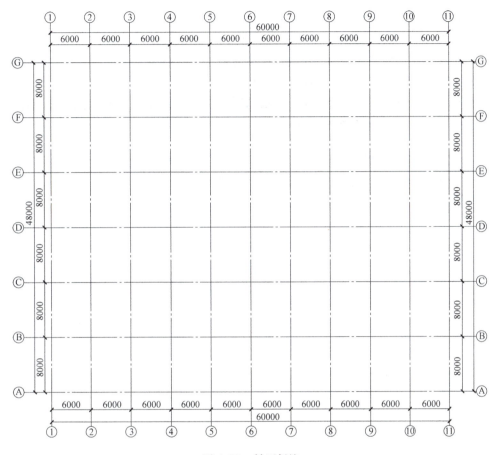

图 4-20　轴网标注

三、绘制墙体

在天正建筑中鼠标左键单击右边菜单中的"墙体 | 绘制墙体"命令，弹出"绘制墙体"
对话框（图 4-21），由于墙体不是居中而是偏向一侧设置，故需要修改墙线设置，"左宽"
改为"240"，"右宽"改为"0"。为了能够放下上下两层窗户，修改墙体高度为8000mm。
鼠标光标回到绘图区域，用鼠标左键依次单击轴网四个角点，完成墙体绘制，完成后的图形
如图 4-22 所示。

四、插入门窗

先插入门，用鼠标左键单击天正建筑的"门窗 | 门窗"菜单命令，弹出"门"对
话框，用鼠标左键单击左侧的图形，在图库中选择合适的门平面样式；然后输入门宽
"4500"，门高"4500"，插入方式选择"轴线等分插入"；然后用鼠标左键单击⑤轴与
⑥轴之间的墙体，⑤轴与⑥轴会变成虚线，按<Enter>键即可插入门。按照同样方法插

入其他的门。

插入窗"C-1"，用鼠标左键单击天正建筑的"门窗｜门窗"菜单命令，弹出"门"对话框，用鼠标左键单击"插窗"命令；然后依次输入编号"C-1"，窗宽"3900"，窗高"2400"，窗台高"1200"，插入方式选择"轴线等分插入"；然后用鼠标左键单击①轴与②轴之间的墙体，①轴与②轴会变成虚线，按<Enter>键即可插入窗。再按照同样的方法插入"上 C-2"，输入编号"上 C-2"，窗宽

图 4-21　"绘制墙体"对话框

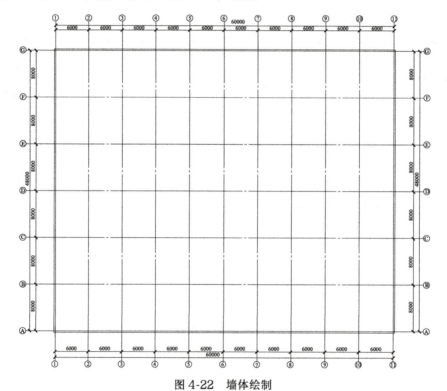

图 4-22　墙体绘制

"3900"，窗高"1500"，窗台高"5500"，插入方式选择"轴线等分插入"，即可插入"上 C-2"。按照同样方法插入其他窗户，绘制完成后如图 4-23 所示。

五、插入柱子，绘制附属设施

（1）H 型钢柱插入

用天正建筑的"多段线"命令绘制 H 型钢柱，制作成图块，按结构设计要求的位置插入，如图 4-24 所示。

（2）构造柱插入

用鼠标左键单击天正建筑的"轴网柱子｜构造柱"命令，鼠标左键单击需要放置构造柱的墙体角部，弹出"构造柱参数"对话框，鼠标左键单击"确定"即可。其他柱子插入方法与此一致。

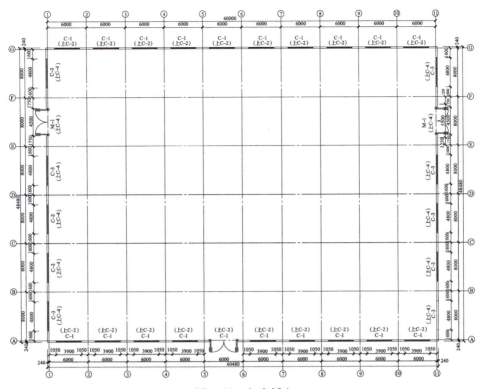

图 4-23　门窗插入

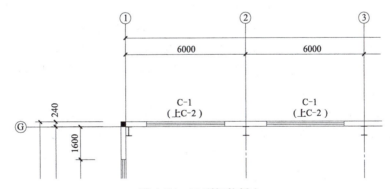

图 4-24　H 型钢柱插入

（3）散水绘制

用鼠标左键单击天正建筑的"楼梯其它 | 散水"命令，弹出"散水"对话框，修改参数，设置散水宽度为"600"，室内外高差为"150"，将图形缩小，选择整个图形，程序会自动识别封闭外墙，按<Enter>键即可完成散水绘制。

六、门窗尺寸标注

用鼠标左键单击天正建筑的"尺寸标注 | 门窗标注"命令，用鼠标左键在绘图区域通过双击确定一条直线，并让此直线同时与墙体、第一道尺寸线和第二道尺寸线都相交，即可标注某一开间或进深的门窗尺寸，如图 4-25 所示。再通过"复制""镜像"等命令即可完

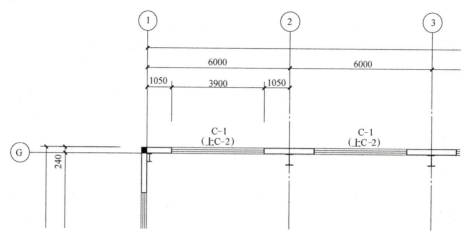

图 4-25　门窗尺寸标注

成所有门窗尺寸的标注。

七、文字标注

用鼠标左键单击天正建筑的"文字表格｜单行文字"命令，弹出"单行文字"对话框，输入"2#车间"字样，用鼠标左键单击厂房图样中间，即可完成文字的标注。

八、标注标高、剖切符号，绘制图名、比例、指北针

1）标高：用鼠标左键单击天正建筑的"符号标注｜标高标注"命令，勾选"手工输入"，输入数字"0.000"，用鼠标左键单击需要放置标高的位置即可。

2）剖切符号：用鼠标左键单击天正建筑的"符号标注｜剖切符号"命令，选择好剖切位置后单击鼠标右键完成操作；单击鼠标左键选择剖视的方向，在命令提示行里输入剖切编号，完成剖切线的绘制。注意只在一层平面图标注剖切位置。

3）图名、比例：用鼠标左键单击天正建筑的"符号标注｜图名标注"命令，输入图名，选择合适的比例，在平面图下方合适位置单击鼠标左键，完成绘制。

4）指北针：用鼠标左键单击天正建筑的"符号标注｜画指北针"命令，在屏幕上选择指北针的南北方位，完成绘制。

九、套图框

用鼠标左键单击天正建筑的"文件布图｜插入图框"命令，弹出"图框插入"对话框，如图 4-26 所示；选择 A1 图幅，比例选 1∶150，其他默认，选择"插入"，即可完成套图框操作。

4.3.2　绘制工业厂房屋顶平面图

> 学习目标：学会绘制工业厂房屋顶平面图。

将一层平面图复制，打开图层，关闭轴网与轴线图层，删除剩余图层只显示线体，完成后打开所有图层。使用"绘制墙体"命令绘制女儿墙，绘制方法同一层墙体，墙高设置为2000mm，完成后如图 4-27 所示。接着，用"偏移"和"修剪"命令，完成檐沟和雨篷的

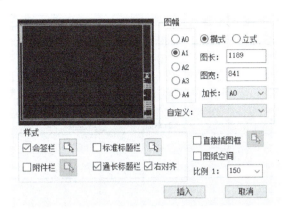

图 4-26　"图框插入"对话框

绘制。绘制完雨篷后，使用"逐点标注"命令进行尺寸标注。

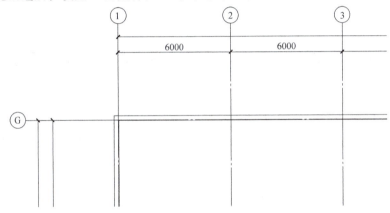

图 4-27　绘制女儿墙（局部）

　　绘制及填充坡屋面时，在相应图层用绘制直线、曲线和填充的命令完成绘制，注意填充的样式和比例要正确。绘制屋面排水时，建立相应图层，檐沟部分按照设计要求绘制分水线和雨水管。接下来进行排水坡度的标注，先绘制箭头，用鼠标左键单击天正建筑的"符号标注丨箭头引注"命令，在屏幕中选择箭头和箭尾的位置，完成绘制。接着进行坡度数值的标注，用"文字标注"命令完成图样的绘制。完成后的屋面排水绘制如图 4-15 所示。

4.3.3　绘制工业厂房立面图

　　学习目标：学会绘制工业厂房立面图。

　　按以下步骤绘制工业厂房立面图：

　　1）复制一层平面图，在其正下方作一条水平线作为基准线（即 ±0.000 线），该线段往下偏移 150mm 作为室外地坪线。从平面图中的墙边线、门窗两侧引直线到地坪线，以确定立面中墙体和门窗的大致位置。按设计要求，在门窗高度位置绘制辅助线，从而确定门窗的外框尺寸，如图 4-28 所示。

工业厂房立面
图识读与绘制

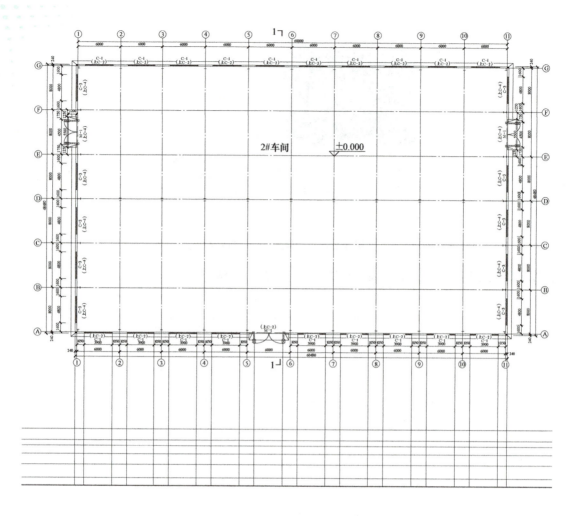

图 4-28 辅助线绘制

2）绘制建筑轮廓。通过天正建筑的"修剪"等命令，完成外轮廓的绘制。

3）绘制门窗图案。门窗图案既可以自己绘制，也可以通过天正建筑右侧菜单的"立面 | 立面门窗"命令选择立面窗图块，而后选择合适的窗型插入。重复样式的门窗可使用"复制"命令进行绘制，如图 4-29 所示。

4）绘制外墙装饰线条。

5）标注立面材质。用鼠标左键单击天正建筑右侧菜单中的"符号标注 | 做法标注"命令，根据需要分别在对话框中输入所需材质，如图 4-17 所示。

6）尺寸与标高标注。尺寸标注与平面图中的标注方法一致。标高标注方法为：用鼠标左键单击天正建筑主菜单中的"符号标注 | 标高标注"命令，在所需位置单击即生成准确的标高数值，如图 4-17 所示。

另外三个立面的立面图，以相同的方法绘制。

4.3.4 绘制工业厂房剖面图

学习目标：学会绘制工业厂房剖面图。

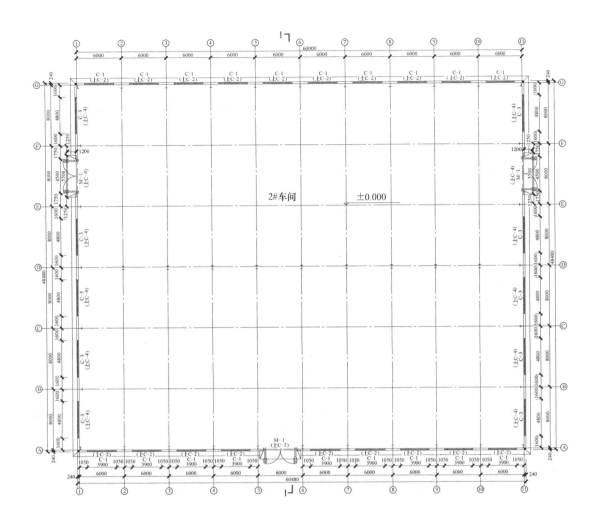

图 4-29　确定外轮廓及门窗

　　绘制剖面图的总体思路同绘制平面图和立面图一样，都是按从整体到局部的思路绘制，绘制时先将一层平面图复制，对应平面图中的轴线，确定剖面图中的横向位置。然后确定室内地坪线，并以此为参照，向下复制或偏移 150mm，向上偏移相应数值，依次确定室外地坪线、层高线。

　　确定了轴线、地坪线、层高线后，绘制墙体和楼板厚度，然后再绘制门窗、梁、女儿墙等。绘制时，注意先绘制剖到的和看到的物体，然后再标注尺寸、标高、图名及比例，最后套图框。绘制完成后的工业厂房剖面图如图 4-18 所示。

素质拓展

北京 2022 年冬奥会首钢滑雪大跳台的设计灵感来自敦煌"飞天"壁画，又被称为"雪飞天"，优雅的曲线与 4 座冷却塔完美融合，和石景山、群明湖、高线公园、新首钢大桥交相辉映，传承了中国博大精深的文化底蕴，让人们感受到中国传统文化的魅力。时任国际奥委会主席巴赫称赞，首钢滑雪大跳台实现了竞赛场馆与工业遗产再利用、城市更新的完整结合，首钢园区必将成为奥林匹克运动推动城市发展的典范，成为世界工业遗产再利用和工业区复兴的典范。

首钢滑雪大跳台

首钢滑雪大跳台由赛道、裁判塔和看台区域三部分组成，赛道长 164m，最宽处 34m，最高点 60m，分为助滑区、起跳台、着陆坡和终点区域四部分，完全依靠钢结构支承，总体钢结构的质量达 4100t。建设所用钢材均是具备自主知识产权的国产化产品，都是"首钢制造"。以人员分布密集、安全性要求极高的裁判塔为例，使用的耐火耐候钢是由首钢集团自主研发并首次使用的产品，具有出色的耐腐蚀性能、力学性能、焊接性能、耐火性能和耐大气老化性能。

首钢滑雪大跳台作为北京 2022 年冬奥会的重要遗产之一，赛后继续保留其体育比赛功能，可承办国内外大跳台项目体育比赛，成为专业运动员和运动队训练场地、青少年后备人才选拔基地、赛事管理人员训练基地等。同时，首钢滑雪大跳台已成为向公众开放的北京冬奥会标志性景观地点和休闲健身活动场地，变身服务大众的体育主题公园，实现了经济效益、社会效益和环境效益相统一的可持续发展。

练 / 习 / 题

工业厂房剖面图识读与绘制

1. 在稳定的温度、湿度状态下进行生产的车间，称为（　　　　）。

A. 冷加工车间　　　　　B. 热加工车间

C. 恒温车间　　　　　　D. 洁净车间

2. 在正常温度和湿度状态下加工非燃烧物质和材料的生产车间称为（　　　　）。

A. 冷加工车间 　　　　 B. 热加工车间 　　　　 C. 恒温车间 　　　　 D. 洁净车间

3. 单层工业厂房中相邻两条纵向轴线之间的距离是（　　　）。

A. 进深 　　　　　　 B. 跨度 　　　　　　 C. 柱距 　　　　　　 D. 柱网

4. 单层工业厂房中相邻两条横向轴线之间的距离是（　　　）。

A. 开间 　　　　　　 B. 跨度 　　　　　　 C. 柱距 　　　　　　 D. 柱网

5. 单层厂房非承重山墙处纵向端部柱的中心线应（　　　）。

A. 与山墙内缘重合 　　　　　　　　 B. 与纵墙内缘重合

C. 自横向定位轴线内移 600mm 　　　 D. 与横向定位轴线重合

6. 工业厂房按（　　　）分为单层厂房、多层厂房、混合层次厂房。

A. 厂房用途 　　　　 B. 厂房生产状况 　　　 C. 厂房层次 　　　 D. 建造时间

7. 单层厂房的横向定位轴线是（　　　）的定位轴线。

A. 平行于屋架 　　　　　　　　　　 B. 垂直于屋架

C. 按 1、2…编号 　　　　　　　　　 D. 按 A、B…编号

8. 单层厂房的纵向定位轴线是（　　　）的定位轴线。

A. 平行于屋架 　　　　　　　　　　 B. 垂直于屋架

C. 按 1、2…编号 　　　　　　　　　 D. 按 A、B…编号

9. 排架结构单层厂房的屋架跨度≤18m 时，采用（　　　）的模数数列；>18m 时，采用
（　　　）的模数数列。

A. 1M，3M 　　　　 B. 6M，30M 　　　　 C. 3M，6M 　　　　 D. 30M，60M

参 考 文 献

［1］　王文仲. 建筑识图与构造 ［M］. 4 版. 北京：高等教育出版社，2018.

［2］　刘军旭，雷海涛. 建筑工程制图与识图 ［M］. 2 版. 北京：高等教育出版社，2018.

［3］　张喆，武可娟. 建筑制图与识图 ［M］. 北京：北京邮电大学出版社，2016.

［4］　李伟珍，张煜，曹杰. 建筑构造 ［M］. 天津：天津大学出版社，2016.

［5］　李元玲. 建筑制图与识图 ［M］. 2 版. 北京：北京大学出版社，2016.

［6］　王强，张小平. 建筑工程制图与识图 ［M］. 4 版. 北京：机械工业出版社，2022.

［7］　李艳. 建筑工程制图与识图 ［M］. 北京：中国建筑工业出版社，2023.

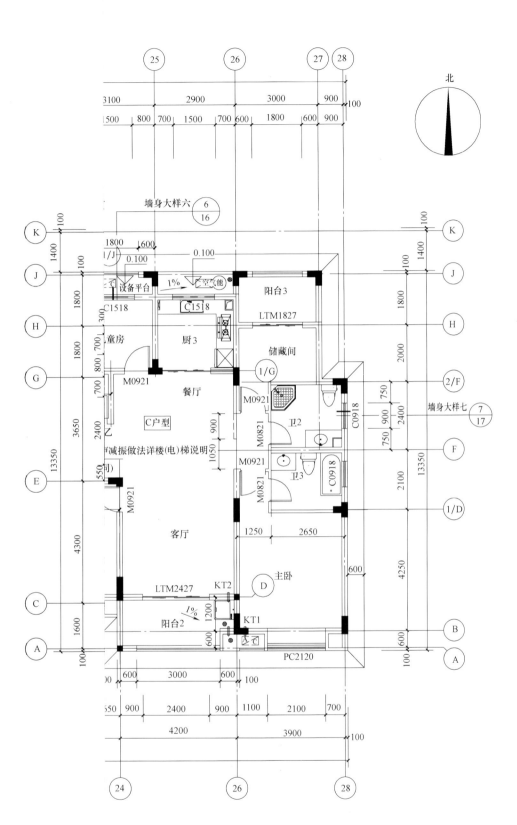

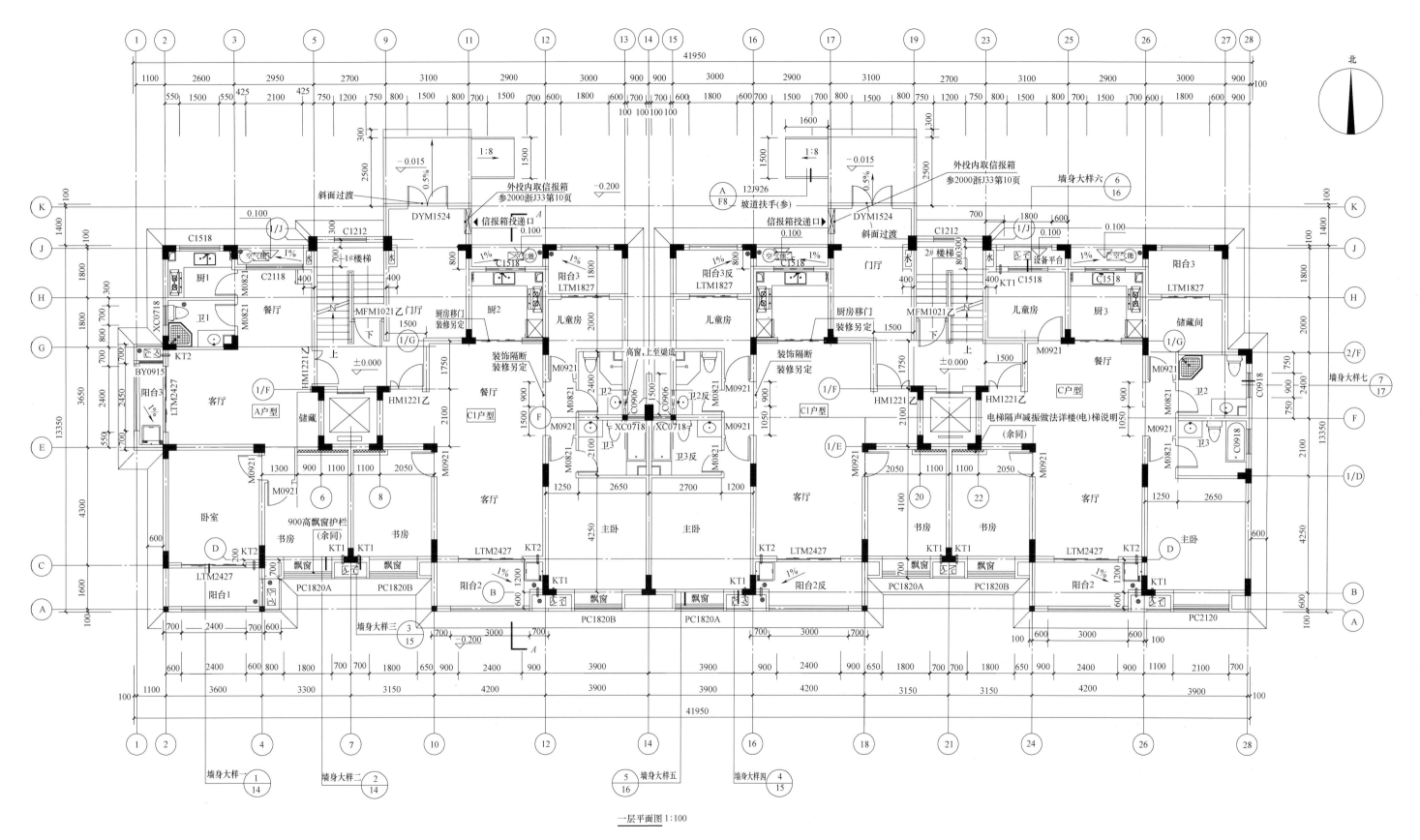

一层平面图 1:100

图 2-115　住宅楼一层平面图